150年前の科学誌「NATURE」には何が書かれていたのか

瀧澤美奈子【著】
Minako Takizawa

ベレ出版

CONTENTS

序　なぜ今、150年前の科学雑誌を読むのか（本書の目的）

人類の共有財産としてのnature……10
創刊後すぐに日本を特集……11
博物学の熱狂が残るイギリス……12
150年前のSNS……14

科学者の恰好良さとは……15
科学と社会の関係づくりを重視……16
遠く離れた時空から私たちへの
メッセージ……17

第1章
nature創刊に託された思い

戦争省出身の編集長……20
雑誌の創刊ラッシュ……21
創刊2年で人手に渡った雑誌……22
natureのキーパーソン、
「ダーウィンのブルドッグ」……23
Xクラブの絶大な影響力……24
『不思議の国のアリス』の貢献……26

natureという雑誌名とロマン主義……27
巻頭言ハクスリーによる
"ゲーテのアフォリズム"……29
創刊時の価格、広告、読者数……35
創刊から30年間も赤字に耐えた……36
一般大衆を第一読者と考えていた…37

第2章
ヴィクトリアンの科学論争

雑誌の上の公開討論……44
カッコウの卵は何色？……45
産む卵を似せて里親をだます？……46
ステアランド氏からの質問……52
ドレッサー氏とスミス氏からの
痛烈な批判……53
ニュートン教授の反論……55

さらに別の二人から投稿が…..……59
南アフリカのバーバー夫人……60
カッコウの卵の色に関する
現在の理解……64
ヴィクトリア朝時代の科学
―カッコウの卵の論争から……66
愛好家が参加しやすい科学分野……68

第3章
150年前の科学

I 150年前の自然科学の概略......72

「百科の学問」の時代へ................72

歴史上最も意味のある「空欄」.........73

一人で多分野を手がけた
科学者たち.............................74

立ち止まって科学の「景色」を見る.....76

エネルギー保存則と質量保存則.......77

哲学的教義から始まった科学.........79

「記憶を持った鏡」写真技術.............80

問うことすらタブーとされた、
ダーウィンの進化論.....................83

酵母菌と人間は何が違うか............84

150年前の生命の起源問題............85

顕微鏡の驚異的な発展と
多くの発見.............................87

過去の自然科学との違い...............88

宗教と自然科学の対立................89

自然科学は宗教に代わる存在か......90

自然科学の追究で、
人は道徳的に高められる................91

当時の技術進展について...............92

II ダーウィンはどのように
natureに登場したか......93

『種の起源』をめぐる大論争...........94

オーウェンの執拗な攻撃..............95

natureでの進化論....................97

イギリス人より早く進化論を
受け入れたドイツ人.....................98

ドイツで政治的な意味を
持った進化論...........................99

"ドイツは大胆に進歩した"........... 101

大衆に対する心地よい反抗...........103

「パーティーが開かれない学会」
に驚いた...............................104

科学者たちの大歓声のなかで
芽生える危険な「適者生存」思想....105

ウォレスによる「ダーウィニズムに
対する最後の攻撃」...................107

ブリー博士からの意味不明な反応...111

ダーウィンからの「最後の一撃」......112

「あなたの"粉砕記事"を
無限の満足感で読んだ」...............113

説教を禁止された
ダーウィニアン聖職者.................115

ダーウィン、nature読者に
呼びかける............................116

III ヴィクトリア朝時代の華麗な
科学者ティンダル......119

沈んだ太陽の上空に広がる光景....120

natureが伝えた
華麗なデモンストレーション...........122

自作の装置で「自然発生説」を
否定...................................124

第4章
なぜ国が科学にお金を出すのか

並外れていた「科学改革」への熱意 … 128
学習する貴族は富の貴族の3倍 … 129
「われわれは世界第一位の地位を
失い、失速している」 … 131
「趣味の研究に公的資金を
支出することは道徳に反する」 … 132
科学は「気高くやってきた」 … 134
「科学は政府から
独立しているべきだ」 … 135
「科学的労力の結果は納税者が
支払う以上の利益をもたらす」 … 136

基礎科学にこそ国の支援が必要 … 138
科学者の自発的エネルギーを
引き出す支援とは … 140
ロッキャーが導いた
「デヴォンシャー公委員会」 … 141
「研究に没頭できる環境を」 … 143
グラッドストン首相を批判 … 144
科学者に政治的結集を
呼びかける … 145
ウォレスの伝統的科学観 … 147

第5章
女子の高等教育 ——「壁」を越えた女子医学生たち——

150年前、女性が科学の海に
船出した … 150
女子教育の権利が認識された年 … 151
固定化された家庭像 … 152
唯一の例外、
ガヴァネス(家庭教師) … 153
ガヴァネスたちの憂鬱 … 154
学位ではなく技能証明書が与え
られた「女性のための一般試験」 … 156
エジンバラ婦人教育協会 … 157
女子医学生が
エジンバラ大学を提訴 … 159

当時のイギリスの医師制度 … 160
排他的な医学界 … 162
エジンバラ・セブン … 163
エディス・ピーチーの奨学金事件 … 164
ソフィア・ジェックス・
ブレークの優秀さを讃える … 167
「家庭を守る女性にこそ
医学知識が必要」という論法 … 168
男子学生が女子の
解剖学試験を妨害 … 170
世論に逆行する大学の決定 … 170
貴族も女子教育問題に取り組む … 172

ソフィア、スイスで医学博士号取得… *173*

ついに全英科学者の注目集まる…… *174*

人々の心を打った
グレイ夫人の主張……………………… *176*

ソフィアがロンドンで女性のための
医学校を設立………………………… *178*

医師法の性別制限が撤廃される…… *179*

それでもさらなる障壁が…………… *180*

第6章
チャレンジャー号の
世界一周探検航海

足元の遠い世界 ……………………… *184*

近代海洋学の胎動 …………………… *184*

深海には「生きた化石」が
いるのか……………………………… *185*

深海には地球最初の生命が
いるのか……………………………… *186*

チャレンジャー号探検航海の概要… *188*

3年半で地球3周分の調査航海…… *189*

帆で移動し、蒸気エンジンで探査… *190*

チャレンジャー号探検航海の成果… *191*

出港直後の
ワイビル・トムソンの手記………… *192*

地面から飛び上がるような
ドレッジの衝撃……………………… *193*

"極端に希少で美しい生物"を
次々にすくい上げる………………… *194*

特別美しい新種の学名を
ナレス艦長に捧げる………………… *195*

目は丸い石灰質に
置き換えられている………………… *196*

隊員、ペンギンに噛みつかれる…… *197*

南極海での危険な観測……………… *199*

海底通信ケーブルを
敷くために測深……………………… *202*

ナレス艦長、北極探検のために
呼び戻される………………………… *203*

香港から再び赤道まで南下………… *204*

水温から海峡の深さを推測………… *205*

敵対の島、友好の島………………… *207*

マリアナ海溝を発見………………… *209*

「バチビウス」の正体……………… *212*

日本での"価値ある休息"………… *213*

明治天皇に拝謁……………………… *215*

日本を出る前に返礼パーティー…… *216*

怪物級のオトヒメノハナガサ……… *216*

マンガン団塊の発見………………… *218*

若い研究者の死……………………… *219*

世界中に送られた貴重な標本……… *221*

第7章
モースの大森貝塚

大森貝塚の発見をnatureで報告 ····· 226

大森貝塚に関する間違ったレビュー··· 231

間違った記事にすぐに反応した
杉浦重剛 ································· 233

モースの代理投稿をしたダーウィン··· 234

ダーウィンは日本の科学の発展を
予測した ······························· 236

ダーウィンが最も注目した
「進化の証」···························· 238

「モース、猛然と抗議する」················ 240

大森貝塚から出てきた人骨は
何を意味するか ························ 241

日本人を愛したモース ···················· 242

第8章
nature誌上に見る150年前の日本

I 近代化前の日本は
外国人にどう映ったのか ········· 246

The Japanese
——日本人に関する特集記事 ··· 246

ヨーロッパから見た
維新直後の日本···························· 247

ジェーン・アグネス・チェッサー···· 248

日本の地理 ································· 250

日本人の起源と家族 ······················ 252

仏教と神道、祖先崇拝 ···················· 254

日本には半神秘的な英雄神がいる··· 255

皇室、大名、切腹 ···················· 257

日本人は洗練されている················· 258

日本には科学が存在しない? ········· 260

日本人の芸術的感性 ······················ 262

「穏やかに酒を飲まない」神々 ···· 264

富士登山から相撲まで、
人々の楽しみ···························· 265

江戸の活気に満ちた賑わい ··········· 267

II 近代化を始めた日本 ················· 271

不思議の国から
熱心に技術を習得する国へ ··········· 271

日本の科学技術教育のはじまり····· 273

nature誌上に初めて登場した
日本人はひとりの留学生 ················ 274

「東洋のイギリス」で
世界最先端の工学教育を··············· 276

なぜイギリスは日本を支援したのか ……………… *277*	第二次産業革命のための工学教育 ……………… *283*
岩倉使節団が教師の人選を依頼 ………………… *278*	技術力の発展装置を起動させた日本 ……………… *284*
社会発展の原動力は困難に立ち向かうエンジニアである ……… *279*	ダイアーが期待した「世界のなかの日本」 ……………… *286*
日本で実現させた「理想の工学教育」の夢 ……………… *280*	

付　録

初期のnatureに何度も載った日本人

南方熊楠と"ネーチュール"
「東洋の科学思想の伝統」を西洋に伝えた知の巨人 ……………………………………………… *290*

寺田寅彦と"ネチュアー"
身の回りの不思議に挑戦する「寺田物理学」を受け入れたnature ………………… *292*

※本書では、現代ではやや違和感のある表現も含め、引用部分をなるべく原文に則して訳出した。
　変更、または削除すれば論理性を損なうおそれがあると判断したためであり、著者はその考えに与していない。
※ウェブサイトは、本書執筆時に掲載されていた内容をもとに引用した。

序

なぜ今、150年前の科学雑誌を読むのか

（本書の目的）

人類の共有財産
としての nature

　科学雑誌ネイチャー（以下、nature）は現在、世界で最も有力な総合科学雑誌として広く知られています。

　レントゲンによるX線の発見（1896年）、マイトナーとフリッシュの核分裂反応（1939年）、ワトソンとクリックによるDNAの構造（1953年）、ウィルソンのプレートテクトニクス説（1966年）、ホーキングによるブラックホールの蒸発（1974年）、ヒトゲノムの解読（2001年）など、過去に掲載された論文は、科学界のみならず世界を大きく揺るがしました。

　nature は150年前に創刊されて以来、毎週、科学のあらゆる分野にわたる顕著な進歩を記録し続けてきた学術雑誌であり、現在も多くの科学者が、この雑誌に自分の研究が掲載されることを望んでいます。

　もちろん、nature を科学王国の最高権威に君臨する存在として崇め奉ることは禁物です。過去には残念ながら偽造や捏造が見逃されたまま掲載された論文もいくつかありましたし、科学界に対する影響力の大きいnature そのものの評価も常に原点に立ち戻って点検されるべきです。

　しかし、150年もの間そこに掲載されてきた科学論文は、近代以降の人類の科学における重要な足跡であり、150年前のnature は、もはや"人類共通の財産"といってもいい存在です。

　本書はこのようなnature に敬意を払いつつ、その素顔を知り、

日本が輸入した科学の源流をたどってみたいという、筆者の素朴な思いから始まりました。

創刊後すぐに日本を特集

　natureは1869年11月4日にイギリスのアマチュア天文家、ノーマン・ロッキャーが出版社のマクミラン社の資金提供を受けて創刊し、以降毎週木曜に刊行されました。

　natureの創刊がちょうど150年前であったことに加え、それが日本では明治維新（明治に改元された年）からわずか1年しかたっていないことを知ったとき、私は胸が高鳴るのを感じました。

　鎖国を解いて近代化への道を歩みはじめたばかりの日本は、どのようにして科学や技術を導入したのでしょうか。多くの日本人がヨーロッパに国費派遣され、西洋の知識を貪欲に学んだ時代です。そのころ、ヨーロッパの現地ではいったい何が起きていたのでしょうか。そこで日本人は科学や技術をどのようなものとして学んだのでしょうか。

　そんな思いで創刊当時のnatureのページを繰ってみて驚いたのは、西洋の人々もまた日本を好奇の目で凝視していたということです。創刊からまもなく、natureには日本の特集記事が組まれ、江戸を中心とした当時の日本の姿が生き生きと描かれていました。

　詳しくは本書をお読みいただきたいと思いますが、そこに描かれている日本は、それまで私がイメージしていたものとだいぶ違

いました。

　私は大学の理工系の学部で教鞭をとる傍ら、講演することもありますが、いくつかの大学の理工学部で当時のnatureに書いてあったことを話してみました。すると学生は「へえー」と言って目を輝かせていました。それはたぶん、私たち自身が知らない文明開化前の日本人や日本文化の素の姿を、西洋のフィルターを通して見せてくれているからなのだと気づいたのです。

　当時の日本のことは最終章に紹介してあります。さらにその章ではnature創刊後の10年間に日本がどのように登場しているかも追いました。日本が猛烈な勢いで変わっていくのと同時に、彼らの認識が変容していった様子が浮かび上がり、この先の私たちの進むべき方向も、少し見えた気がします。

博物学の熱狂が残るイギリス

　さて、本書を手にとってくださった読者のみなさんは、当時の日本のことよりもむしろ純粋に、当時のnatureのことを知りたいと思った方も多いと思いますので、他の章ではそちらにページをさいています。

　まず踏まえておかなければならないのは、イギリスも150年前と今とではずいぶん違うということです。natureが創刊されたころ、イギリスはヴィクトリア朝時代の後半にさしかかったところでした。

ヴィクトリア朝時代というのは、ハノーヴァー朝第6代女王の
アレクサンドリナ・ヴィクトリアがイギリスを統治した1837年
から1901年までの期間をさします。この時代の光の部分として
は、産業革命と対外政策によって経済が発展し、大英帝国が絶頂
期を迎えていたということです。豊かな経済のなかで美術や文芸
が興隆し、上流階級や新興の資産家階級の間では、女性は優雅な
ひだやレースの服飾に身を包み、男性はシルクハットとフロック
コート姿で街を闊歩した、そんな時代です。

　では科学はどんな様子だったのでしょうか。科学者"scientist"
という呼び名はまだ存在しません。当時、○○istという英語に
は尊称の意味が含まれていなかったため、scientistの呼び名が科
学者たちに受け入れられたのは20世紀に入ってからです。紳士
たちは、お互いに科学を愛好する人々"men of science"と呼びあ
い、自然のなかに隠された法則を見つけようと熱心に対象を観察
し、議論を重ねていました。

　19世紀後半から20世紀初頭にかけては、今日私たちが想像
するようなプロの科学者が誕生していった時代です。しかし、
nature創刊のころはまだプロとアマチュアの境界はあいまいで、
生物学は博物学、地学は自然史として、ロマンティックな文学的
表現とともに一般の人々を巻き込んで熱狂をおこしていた、そん
な古き良き時代の雰囲気が残っていました。

　したがって、初期のnatureにはプロ好みの物理学や化学、そし
てもちろんダーウィンの進化論などの、明らかに純粋な学術記事
も多く掲載されましたが、同時に「カッコウの卵は何色？」、「色
と音階のアナロジー」といった、誰もが興味を抱きそうな身近な

謎を科学的に解明しようとするタイトルの論文も掲載されており、バラエティー豊かなテーマが読む者を楽しませてくれます。

150年前のSNS

初期のnatureを読むうえでもうひとつ面白い点は、そこに浮かび上がってくる人間模様です。

natureには創刊時から「Letters to the Editor」という読者投稿欄があり、このことが本誌ののちの繁栄を決定づけたといわれます。はじめに権威ある博物学者の論文が掲載されると、それに対して専門家だけでなく、一般読者からの反論や質問の投稿が読者投稿欄に相次いで掲載されたのです。

たとえばそこで行なわれた「カッコウの卵の色」の議論では、非専門家にもわかる形で、進化論の核心があぶり出されていく過程を見ることができます。

つまり、natureは正しい知識を伝えるだけの場所ではなく、正しい知識に到達するための議論の場、として活用されたのです。

これはいってみれば、今でいうソーシャル・ネットワーキング・サービス（SNS）です。しかし誌上公開討論は、今のSNSと同じように、炎上の危険を孕むということはご想像のとおりです。そして、彼らがそれをどうやって回避したかというと、さすがは皮肉とユーモアの得意な英国紳士です。

冒頭で相手に感謝の念を示しつつ、皮肉にみちた遠回しで非常

にわかりにくい長々とした文章で羽交い締めにし、相手が動けなくなったところで言葉尻にがぶりと嚙みつくのです。そのやりとりを読んでいると、まるで自分がそこにいるような臨場感があり、登場人物を生々しく感じることができます。

それにしても、相手に強く反論する際に繰り出される彼らの英語表現の難解さといったら！ 正直にいいますと、何度この企画を投げ出したくなったかわかりません。

本書には、英文を日本語に翻訳して引用している箇所がたくさんありますが、すべて筆者による日本語訳であり、責任は筆者にあります。便宜上、原意を損なわないよう慎重に訳しましたが、何しろ古い英語でもあります。幕末から明治初期の日本の出版物を外国人が訳すようなもので、う遠な訳語があることはお許しください。

科学者の恰好良さとは

さらにもうひとつ、初期のnatureで気づくことがあります。それは、なにがmen of scienceにとって恰好が良くて、なにが恰好悪いのかという、彼らの科学や知性に対する暗黙の姿勢が見えることです。

科学とは自然の真理を知るためにベストを尽くす営みです。

本文に何度が出てきますが、当時科学は知性を研ぎ澄ませ、自然のなかに隠された法則を「共同で」解いていく「誇り高い営み」

であり、精神的な修養を伴うものだと考えられていました。

　科学を前進させるには、ビジョンを示して忍耐強く検証することが必要です。そしてそのときには自らに誠実でなければ、決して自然の真理を知ることなどできません。嘘や虚偽は、同僚の貴重な時間を奪う"盗人"と同じです。意図せず間違えば、潔くそれを認め、相手の不正に気がつけばシニカルに批判する。彼らの態度からは、そういった通念が見えてきます。

　しかも、たとえばカッコウの卵の色の法則を知ったからといって、生活上何の役に立つのでもありません。誰かから報酬をもらえるのでもありません。しかしその議論からは、自然界の真実のすべてを探究しようとする、知性に対する謙虚さが感じられるのです。

科学と社会の関係づくりを重視

　同時に彼らは、社会のなかで自分たち自身をどう位置づけるかということにも積極的でした。科学や技術が社会で絶大なものとして認識されるようになるにつれ、とくにイギリスでは、人々の教養として科学知識を社会と共有することが重要、という意識が生まれたのです。

　階級制度が色濃く残り、教育格差が激しいなかで、質の高い民主主義のためには、因習や迷信、神秘主義に代わり、「人々が科学的方法論に倣った合理的な思考ができるような科学教育が重

要」と考えたからです。

本書で取り上げた具体例としては、イギリスが生んだダーウィンの進化論と社会との関係があります。詳しくは本文に譲りますが、宗教を否定せざるを得なくなったとき、科学者自身はどうあるべきか、人々に対してどう説明するべきか、men of science は真剣に考えていたのです。

遠く離れた時空から
私たちへのメッセージ

最後に本書で取り上げるその他の論点を追加して示しておきましょう。

150年前のイギリスでは科学研究のための経費を国が負担することは当たり前ではありませんでした。そんななか、nature は「なぜ国が基礎科学の資金を出す必要があるのか」を繰り返し訴えるキャンペーンを張りました。その議論は科学の本質について深く考えさせてくれるものです。

また、150年前はちょうど女性の高等教育の必要性に社会が気づきはじめた時期でもありました。しかし女性が科学（とくに医学）の世界で居場所を得るまでの経緯は、すさまじいものでした。

そのほか、本書では「チャレンジャー号の世界一周大航海」「モースの大森貝塚発見」といった探検や発見についても紹介します。ただし、これらは当時の多彩な科学からすればほんの一握りであることを、おことわりしなくてはなりません。

そもそも本書の企画を考えていたとき、時間も空間も遠く離れた科学の世界を知ることで、現在わたしたちが抱えている問題と比較し、未来へのヒントが得られるのではないかと期待していました。

　結果は、わりとうまくいった章もあれば、そうでない章もあります。しかしむしろ、読者のみなさんが150年前の歴史を知ることで自由に発想し、なにか思いがけない拍子にその知識が役立つことのほうが、よほど重要かもしれないと思っています。

　本書は各章が独立しています。どこからでも好きな章からお読みください。

著者

第1章

nature創刊に託された思い

戦争省出身の編集長

　natureは1869年11月、33歳のノーマン・ロッキャー（Joseph Norman Lockyer：1836-1920）が、出版社のマクミラン社の資金を得て創刊し、初代の編集長になりました。彼は死の数ヶ月前までその任にあたりました。

　natureを理解するうえでは、まず創刊者であるロッキャーを知ることが近道だと思いますので、少々おつきあいください。

　ロッキャーは20代のときに太陽光の観測を行ない、その業績（太陽表面で黒点がまわりよりも低温であることを明らかにしたこと）が認められ、nature創刊の数ヶ月前にあたる1869年夏に英国王立協会のフェローに選ばれました。ですからnature創刊時には、イギリスの科学コミュニティから認められた天文学者だったのですが、その経歴は少しユニークです。

　ロッキャーは1836年、イングランド・ウォリックシャーのラグビーという土地に生まれました。父は中産階級の医師、母は地方の大地主の娘でした。

　ロッキャーの生後まもなく家族はレスターに引っ越し、そこで妹とともに子供時代を過ごします。ところがロッキャーが10歳のときに母アンが他界したため、ロッキャーはウォリックシャーの親戚に預けられます。そこで私立学校に通い、ときどき教育補助のアルバイトもしました。

1857年（21歳）のときにロンドンにある英国政府の戦争省の事務員として就職します。父の職業に近い医学でも薬学でもなく、公務員になったのです。

ところが人の運命とはどうつながるかわからないものです。彼を科学への興味に目覚めさせたのはこの就職がきっかけでした。というのも、このころのイギリスではおびただしい数の科学研究が、陸軍と海軍の将校たちによって行なわれていたのです。彼は、科学に熱中する上流階級出身の将校たちと、日々身近に接していました。

当時のイギリスの軍事力は世界に匹敵する国はないほど巨大化しており、事務所はスタッフが過剰気味でした。ロッキャーは仕事以外の時間を、趣味の登山や科学への興味に存分に使うことができたのです。

とくにロッキャーの興味をひきつけたのが天文学です。

望遠鏡を自分の家の庭に設置すると、すぐに観測の技術を身につけて天文学を研究し、その成果が認められて1862年（26歳）に王立天文学協会への入会も許可されました。

雑誌の創刊ラッシュ

ロッキャーは1860年代はじめに結婚し、家計と天文学研究の経費を得るために、一般大衆に向けた原稿をロンドンレビュー誌やスペキュタクラー誌といった雑誌に執筆しました。

当時の出版事情も彼の執筆を後押ししたと推測されます。18世紀初頭、新聞などへの間接的な統制として、大衆が新聞や雑誌に触れることを妨げていた「新聞スタンプ税」という税金が、1855年にようやく廃止されたこともあり、1860年代のイギリスは定期刊行物の創刊ラッシュだったのです。1815年にたった5誌しかなかった科学系の定期刊行物は、1895年には80誌に達していました。

　イギリスは「世界の工場」として世界経済に君臨し、商業によって財力をつけた中流階級が、社会のなかで経済的な実力を高めた時代です。政治的な実権を握っていたのは貴族出身の上流階級でしたが、中流階級も上流階級の理念や価値観、作法を身につけなければ尊敬の対象にはなりません。

　そのために中流階級は、子どもたちにジェントルマン教育をほどこしました。また、労働者階級には公的教育が行なわれるようになり、文字を読める層が徐々に増えていきました。

　そのような時代背景のなかにあって、1863年にロッキャーは友人たちに誘われ、芸術、文学、科学をカバーする『The Reader』という週刊学術誌の起ち上げに加わり、科学部門の編集長になりました。

創刊2年で人手に渡った雑誌

　この総合雑誌The Readerがのちのnatureの礎となります。

ロッキャーはこの雑誌で、一般読者と専門家が同時に楽しめるようなコンテンツ、たとえば国内外の科学コミュニティの会合の状況や、専門誌に掲載された最先端の研究成果の概説を掲載しました。この時点で彼はすでに、専門家と一般人の知識の隔たりを埋めることに興味を持っていたことがうかがえます。

しかし、コンテンツ量を増やすなどの懸命な努力にもかかわらず、The Reader は十分な読者を得られないまま赤字が続き、創刊から2年後の1865年には人手に渡ってしまいました。この時代の定期刊行物は、ほとんどが一年ももたなかったようです。

The Reader は短命でしたが、ロッキャーは大きな財産を手に入れました。The Reader の編集をとおして、トーマス・H・ハクスリー（Thomas Henry Huxley：1825 –1895）やその友人たちとの交流が始まったのです。

nature のキーパーソン、「ダーウィンのブルドッグ」

ハクスリーは、生物学者としてイギリスの科学界で影響力があっただけでなく、科学啓蒙家の才能を発揮してアマチュアを博物学の熱狂に巻き込んでいきました。

また彼は、ダーウィンの進化論の最初の支持者のひとりでもあり、ダーウィンに代わって歯に衣着せぬ討論で進化論を擁護し、「ダーウィンのブルドッグ（番犬）」としても知られました。

ハクスリーはこの時代の科学界のキーパーソンで、nature に

とっても重要な人物になりますので、ここで少し説明しておきましょう。彼は1825年にロンドン近郊で8人兄弟の7人目として生まれました。彼の家は裕福ではなく、唯一の幼年教育は彼の父親が教えた2年間の数学教育だけでした。しかし、科学、歴史、哲学の書籍を熱心に読み、ドイツ語を独学で習得して育ちました。15歳で医療実習生となり、ロンドンのチャリングクロス病院で勉強する奨学金を獲得します。21歳のとき、オーストラリアとニューギニア付近の海図を書くために派遣されたイギリス海軍の艦船ラトルスネーク号に補助外科医として乗船し、海洋の無脊椎動物を集めて研究しました。

　帰国後、ハクスリーは博物学者の仲間入りを果たします。しかし、当時の博物学者は研究費を自費でまかなえる裕福な家の出身者ばかりでした。そこで、研究者を捻出するため、人気のある科学記事を書き、海軍からの寄付も集めて、自らの地位を確立したのです。

Ｘクラブの絶大な影響力

　natureは「Ｘクラブ」とも深い関係がありました。

　Ｘクラブとは、まるで秘密結社のような妙な名前ですが、ハクスリーが作った非公式のダイニング・クラブです。ダイニング・クラブとは、当時のイギリスの紳士社会ではしごく一般的なもので、同じ目的をもつ仲間が定期的に集まって食事をとり、意見を

交換する場です。

　ハクスリーのほかに植物学者のジョセフ・ダルトン・フッカー、社会学者のハーバート・スペンサー、物理学者のジョン・ティンダル、銀行家のジョン・ラボックなど有力者9人で構成されていました。

　初期のnatureには、1864年、つまりnatureの創刊より5年前に設立されたXクラブのメンバーが協力して、初期のnatureに多くの記事を寄稿しています。当時、誕生したばかりで知名度も影響力もない学術雑誌に執筆してくれる人物を、どうやって探したらいいのかという問題をはじめからクリアできたのです。これはロッキャーにとって大変幸運なことでした。

　Xクラブに集まった人たちの目的は非常に際立っています。おそらく当時の常識からすれば、その考え方は急進的に映ったでしょう。

　たとえば「自然の秩序」は神が作り出したのではなく、科学によって調べられるべき原因と結果があると考えました。当時、学術界や政界に大きな影響力を持っていた、イギリスの神学の伝統をもとに確立された国教会と教育機関の特権を拒絶し、「知的探求の宗教からの独立」を唱えてダーウィンの進化論を支持しました。

　また、産業社会は多くの科学的助言と研究者を必要としていると考え、イギリスの教育改革に力を尽くしました[1]。

　さらに彼らは、厳密な論理の積み重ねである自然哲学の議論は

1　じつは、ハクスリーたちはThe Readerを自分たちの発信媒体として使っていたので、なんとかこの雑誌を存続させようと1864年には赤字続きのThe ReaderをXクラブが買い取ることまでしましたが、やはり資金的に継続することはできませんでした。

非常な忍耐を必要とするもので、古典教育と同じくらい効果的に学習者の精神を訓練し、真の知性につながると主張しました。そして、それを行なう者に文化的な指導力を求めると同時に、政府による支援と雇用を求めて行動しました。

　Ｘクラブはメンバーの科学的な卓越性と社会的地位によって、ヴィクトリア朝時代の自然哲学を、産業界や一般社会と橋渡しする役目を果たしました。その活動の場のひとつがnatureだったのです。

『不思議の国のアリス』の貢献

　さて、時計の針をnature創刊の少し前に戻しましょう。ロッキャーはThe Readerが人手に渡ったあとも天文学の単行本を執筆し続けていました。1868年にマクミラン社が出版したロッキャーの一般向け入門書の売れ行きがとてもよかったため、社主のアレクサンダー・マクミランはロッキャーに、科学出版部門のアドバイザー就任を依頼し、ロッキャーはマクミラン社の科学顧問になりました。The Readerでの経験を買われてのことだったでしょう。

　さらにロッキャーにとって幸運だったのが、マクミラン社が総合出版社として急成長していたことです。マクミラン社は1857年に刊行されたチャールズ・キングスリーの小説『二年前』（Two Years Ago、未邦訳）の成功のほか、数学や地質学など学術分野

でも有数の出版社として評判を得ていました。

　そして、1865年に刊行されたルイス・キャロルの『不思議の国のアリス』の驚異的ベストセラーは、会社の成長に拍車をかけました。ちなみに、キャロルが1898年に亡くなるまでに、この本の販売数は累計15万部を超えています。結局のところ、アリス・シリーズを含む本の出版からの収益が、マクミラン社が長年にわたってnatureのような学術雑誌を出版し続けることを可能にしたと思われます[2]。

　1860年代後半に話を戻しますと、書籍事業の成功によりマクミラン社はイギリスを代表する出版社となり、雑誌に本格的に進出しようとしていた時期でした。ロッキャーはマクミランに科学雑誌を起ち上げるよう説得し、natureが誕生しました。

natureという雑誌名と
ロマン主義

　じつはnature創刊に関わる書類の多くは紛失しており、不明な点が多くあります。どういう経緯で雑誌名がnatureになったのかも明らかではありません。しかし1869年にハクスリーがロッキャーに宛てた手紙から、最終決定はマクミランが下したのではないかと考えられています。

　「マクミランは昨日私に・・・・純粋でシンプルな"nature"が

---

[2] http://blogs.nature.com/aviewfromthebridge/2015/11/19/the-making-of-alice/

いいと語りました。それが全体として最良だと私は思います」と書いています[3]。

　経緯はよくわからないものの、nature というタイトルがヴィクトリア朝時代のイギリスの科学のイメージを強く映していることは確かです。

　当時、自然（nature）は「真実の科学知識に至るガイド役」としてよく文章に使われていました。これは18世紀末から19世紀前半にかけてヨーロッパ各地で展開された芸術・文学・思想などの「ロマン主義」から来たイメージです。このような科学の象徴として"自然（nature）"がタイトルに採用されたのでしょう。

　そのようなイメージは雑誌を象徴するデザインからも伝わってきます。大文字の NATURE という題字の背景には地球の上側と星空、雲のイメージの神秘的なイラストが描かれており、ロマンティックな雰囲気をおびています（このイラストは1958年まで使われました）。

　「A WEEKLY ILLUSTRATED JOURNAL OF SCIENCE」（直訳すれば、週刊図解科学雑誌）という副題からは当時、科学をイラストとともに表現しようとしていたことがわかります。加えて、その下にはワーズワースの詩をもとにした詩がエピグラフとして次のように書かれており、ロッキャーやハクスリーたちの自然科学に対する哲学を表現しています。

---

3 https://www.nature.com/nature/about/history-of-nature

To the solid ground

Of Nature trusts the mind which builds for aye.

永遠に続く真の詩は自然を礎にしなくてはならぬ

　ウィリアム・ワーズワース（William Wordsworth：1770-1850）はイギリスを代表するロマン派詩人で、湖水地方を愛でる自然賛美の詩を多く残しました。この詩は1823年に書かれたソネットをもとにしたもので、オリジナルの詩では、MindのMが大文字で書かれ、NatureのNは小文字で書かれていました。

巻頭言ハクスリーによる
"ゲーテのアフォリズム"

　さらに創刊に関わった人々の考えを伝えるのが、創刊号の巻頭言です。先ほど述べたnatureの創刊に深く関わったハクスリー（Xクラブの創始者「ダーウィンのブルドック」）が書いたものです。

　巻頭言は、一般的にその著作がどのようにして生まれたのか、あるいはその著作のアイデアがどのように練られた結果、その形をとるに至ったのかを示すものです。

　しかし、ハクスリーはそれを具象的に説明するのではなく、象徴的な詩を引用することで表現しました。先ほどのワーズワースのエピグラフとともに、natureの詩的イメージを印象づけるものです。

　題名は『ネイチャー：ゲーテによるアフォリズム』（NATURE：

APHORISMS BY GOETHE)。アフォリズムとは格言や警句という意味です。ハクスリーはドイツの文豪ゲーテが残した『自然』という詩[4]を英訳し、巻頭言として引用しました。この詩は自然を「彼女」として擬人化した美しく神秘的なもので、前述のロマン主義のイメージとぴったり重なります。

2ページあまりの長い詩ですので、印象的な部分だけを抜粋して紹介することにしましょう。詩は次のように始まります。

NATURE! We are surrounded and embraced by her: powerless to separate ourselves from her, and powerless to penetrate beyond her.

Without asking, or warning, she snatches us up into her circling dance, and whirls us on until we are tired, and drop from her arms.

自然よ！ 私たちは彼女に包まれ、抱かれています。彼女から身を離し、彼女の向こうに突き抜けるには私たちはあまりに無力です。

尋ねたり、警告したりせずに、彼女は私たちを周回ダンスに巻き込み、私たちが疲れて彼女の腕からすべり落ちるまで回り続けます。

She is ever shaping new forms: what is, has never yet

---

4 当時ゲーテの作として知れ渡っていたこの散文詩『自然─断章─』はその後のドイツ文学研究によって、ゲーテの作品ではなく、オルフォイス讃歌が原典であることがわかっています。本書では便宜上ハクスリーの理解に従います。

been; what has been, comes not again. Everything is new, and yet nought but the old.

We live in her midst and know her not. She is incessantly speaking to us, but betrays not her secret. We constantly act upon her, and yet have no power over her.

彼女は永遠に新しい形を作り続けます。かつての形が、もう一度できることはありません。すべてが新しいもので、古いものは捨て去られています。

私たちは彼女（自然）のなかで生きていますが、彼女を知りません。彼女は絶えず私たちに話しかけていますが、彼女の秘密を明かしてはいません。私たちは常に彼女の掌の中で行動しますが、彼女に対して私たちは何の力もありません。

............................（中略）...........................

Mankind dwell in her and she in them. With all men she plays a game for love, and rejoices the more they win. With many, her moves are so hidden, that the game is over before they know it.

人類は彼女（自然）のなかに住み、彼女はわれわれのなかにいます。彼女はすべての男性と愛のゲームをし、彼女は彼らが勝つほど喜びます。多くの場合、彼女の動きは隠されているので、ゲームは彼らがそのことを知る前に終わっています。

いかがでしょうか。自然が人間よりも圧倒的な力を持っていて、しかも人間は自然のしくみがどうなっているかをよく知らない、

ということを詠っています。

　そして、自然のしくみを明らかにすることを、男性から女性に対する恋愛のアプローチに喩えています。ロマンティックなイメージに加え、当時は科学研究をする人のことを men of science と呼んだぐらい科学は男性が行なうものでしたので、この独特な感覚を作り出したのでしょう。

　くり返しますが、これは科学雑誌創刊号の巻頭言です。今では考えられませんが、彼らの「想い」の強さに圧倒されます。

.... （中略） ....

The spectacle of Nature is always new, for she is always renewing the spectators. Life is her most exquisite invention; and death is her expert contrivance to get plenty of life.
自然の光景は常に新しいものです。彼女は常に観客を新しく置き換えています。生命は彼女の最も絶妙な発明です。そして死は人生を豊かにするための彼女の巧みな工夫です。

　ここで「観客」が指し示すのは、自然を観察する者である「人間」だと思われます。生命には限りがあり、死は自然が生み出した「最も絶妙な発明」だというのです。

　そしてゲーテの詩『自然』は次のようにして終わります。

.... （中略） ....

She is complete, but never finished. As she works now,

so can she always work. Everyone sees her in his own fashion. She hides under a thousand names and phrases, and is always the same. She has brought me here and will also lead me away. I trust her. She may scold me, but she will not hate her work. It was not I who spoke of her. No! What is false and what is true, she has spoken it all. The fault, the merit, is all hers.

彼女は完全ですが、決して完成しません。 彼女はつねに機能しています。 誰もが彼女のことを自分のやり方で見ています。 彼女は千の名前と表現の下に隠れていますが、常に同じです。彼女は私を従え、導きます。 私は彼女を信頼します。 彼女は私を叱るかもしれませんが、彼女は仕事を嫌うことはありません。 彼女のことを話したのは私ではありませんでした。 いいえ！ 何が嘘で、何が真実であれ、彼女はそれをすべて語っています。 短所も長所もすべて彼女のものです。

ハクスリーは、ロッキャーから創刊号の巻頭言を書くように依頼されたとき、彼自身が青春時代に読み、親しんでいたゲーテのこの詩が心に浮かんできたと述べています。 なぜなら、雑誌natureは「科学の進行過程を映し出すこと」を目的にしており、それは、ゲーテが詩で描いた「人の心の中で自然を写し取ること」と重なると考えたからです。

ゲーテがこの詩『自然』を書いたのは1786年ごろです。すでにゲーテは彼の晩年（19世紀前半）にはロマン主義に懐疑的で

したので、ゲーテの前半期の心境を表した詩であるということも
ハクスリーは付け加えています。そして、ゲーテが詩を書いた時
代から時間が経過し、彼の考えが現在（1869年）の科学と共通
点をもつようになったのだというのです。

　最後にハクスリーは巻頭言のしめくくりとして、未来の読者に
向けて、次のようなメッセージを残しています。

When another half-century has passed, curious readers
of the back numbers of NATURE will probably look on
our best, "not without a smile;" and, it may be, that long
after the theories of the philosophers whose achievements
are recorded in these pages, are obsolete, the vision of the
poet will remain as a truthful and efficient symbol of the
wonder and the mystery of Nature.

T. H. HUXLEY

半世紀ののち、好奇心を抱いてNATUREのバックナンバー
を読む読者たちはおそらく、笑みをうかべて私たちがベスト
を尽くしたことを知るでしょう。哲学者による幾多の理論の
あとで長い時がたち、その達成点がこれらのページに記録と
して残り、時代遅れになったとしても、詩人のビジョンは自
然の不思議と神秘の、正しく効果的なシンボルとして残るで
しょう。

T.H. ハクスリー

自然と哲学、科学が極めて近い関係にあった当時の雰囲気をよく伝えています。このメッセージを読むと、ハクスリーが直接私たちに語りかけてくるように感じるのは筆者だけでしょうか。

創刊時の価格、広告、読者数

　創刊時のnatureの価格は4ペンスでした。当時のほとんどの週刊誌の価格が約6ペンスだった時代ですから、マクミランはnatureをそれよりも安い価格設定にしたのです。ちなみに物の価値で比較してみると、1869年当時のロンドンでは、1ポンドのパン（1ポンドは約454グラム）が数ペンス、庶民の一食（肉料理とスープ、ビールの安いセット）が3ペンスほどで買えました[5]。約1リットルのビール、カップ1杯のコーヒーはそれぞれ1ペニー（ペニーはペンスの単数形）程度です。ですから、4ペンスは日常生活でちょっと節約すれば庶民が捻出できる気軽な価格設定、といってよく、natureは価格的には庶民に十分手の届くものだったと考えられます。

　創刊号では最初から8ページが広告、そのあとの22ページが記事（論文）、そしそのあとに再び10ページ分が広告にあてられています。広告の内容は、マクミラン社のものに限らず書籍や雑誌がほとんどです。次に多いのは顕微鏡や望遠鏡、双眼鏡、分光

5　https://www.oldbaileyonline.org/static/Coinage.jsp

計などの実験・観測道具です。それから鉱物学・採鉱の学校や化学の学校の広告も出ています。歯磨きペーストやココアの広告もありました。

当時の発行部数は不明です。広告料だけでは雑誌の年間コストの半分しかまかなえず、しかも初年度の契約者数は200人未満だったのではないかとみられています[6]。

創刊から 30 年間も赤字に耐えた

初期のnatureは当時のベンチャー事業であったというという面があります。natureは創刊直後からビジネスとしては苦戦が続き、なんと創刊から30年間も赤字でした[7]。1870年代にマクミランからロッキャーに送られた手紙のなかには次のような文章が見られます。「私（マクミラン）はnatureをとても心配しています。あと少しで成功に転じるとは感じることもできません」[8]。

1870年代のイギリスは電信や鉄道、蒸気船などの技術革新のほか、各分野の工業力による消費財の大量生産で、生活必需品の価格が下落し、大衆の需要を満たすとともに、雇用も大きく伸びました。労働者が豊かになり社会構造が変化します。

natureは価格の面では前述のように十分に手が届くはずでした

---

6 History of nature, https://www.nature.com/nature/about/history-of-nature
7 *Ibid.*（同上）
8 *Ibid.*

が、大衆が手にしなかったのは、いろいろな意味で時代がロッキャーたちに追いついていなかったのかもしれません。

それでも30年も赤字のまま継続したのは、もちろん経営としてそれが可能だったからということはありますが、マクミラン自身がnatureという科学雑誌の社会的意義を十分理解していたからに違いありません。

社会が大きく変化するなかで教育改革を急がなければならない。中流階級出身のロッキャーをはじめハクスリーたちは、natureにどのような思いを込めていたのでしょうか。それをさらに探索してみたいと思います。

一般大衆を
第一読者と考えていた

natureの創刊時にロッキャーたちが何を目的にしていたかがわかるのは、1869年11月11日号（第2号）[9]です。通常の記事や論文としてではなく、その後の広告ページに掲載されています。20ページの記事（論文）が終わった次のページは、ふだんなら広告にあてられるのですが、この号ではnatureのタイトルとイラスト、副題、ワーズワースの詩が配してあって、その下に次のような題名のない文章が記されています。読んでみるとnatureの創刊趣旨であることがわかります（ほぼ同じ内容のページが1870年1

---

9 Nature vol.1, p.66-67, 11 Nov. 1869

月20日号（第12号）にも掲載されています）。

　はじめの部分はロッキャーがnatureの読者として誰を念頭に置いているかを示しています。

THE object which it is proposed to attain by this periodical may be broadly stated as follows. It is intended: FIRST, to place before the general public the grand results of Scientific Work and Scientific Discovery, and to urge the claims of Science to a more general recognition in Education and in Daily Life;

And, SECONDLY, to aid Scientific men themselves, by giving early information of all advances made in any branch of Natural knowledge throughout the world, and by affording them an opportunity of discussing the various Scientific questions which arise from time to time. To accomplish this twofold object, the following plan is followed as closely as possible.

この定期刊行物は以下のように大きく括ることができます。本誌は次のように意図されています：

第一に、一般大衆の前に科学研究と科学的発見の壮大な結果を示すこと。そして教育と日常生活のなかで、科学の主張がより一般的な認識に向かうよう促すこと。

第二に、世界中の自然知識のすべての進歩の早期情報を提供し、時に発生するさまざまな科学的質問を議論する機会を提供することによって、科学者自身を助けること。

この文章から明らかなのは、ロッキャーがターゲット読者層として第一に考えていたのが科学の専門家ではなく、むしろ一般の人々だったということです。次いで科学者ということになります。

続く文章ではそれぞれの読者をターゲットにしたコンテンツが、具体的にどのようなものなのかを箇条書きにしています。一般の人々に向けた4種類のコンテンツと専門家に向けた2種類のコンテンツを分けて書いています。

Those portions of the Paper more especially devoted to the discussion of matters interesting to the public at large contain:

I. Articles written by men eminent in Science on subjects connected with the various points of contact of Natural knowledge with practical affairs, the public health, and material progress; and on the advancement of Science, and its educational and civilizing functions.

II. Full accounts, illustrated when necessary, of Scientific Discoveries of general interest.

III. Records of all efforts made for the encouragement of Natural knowledge in our Colleges and Schools, and notices of aids to Science-teaching.

IV. Full Reviews of Scientific Works, especially directed to the exact Scientific ground gone over, and the contributions to knowledge, whether in the shape of new facts, maps, illustrations, tables, and the like, which they may contain.

In those portions of "NATURE" more especially interesting to Scientific men are given:

V. Abstracts of important Papers communicated to British, American, and Continental Scientific societies and periodicals.

VI. Reports of the Meetings of Scientific bodies at home and abroad.

In addition to the above, there are columns devoted to Correspondence.

この二重の目的を達成するために、可能な限り以下の計画に従います。

一般大衆にとって興味深い問題の議論に専念した論文の部分は、以下を含みます：

I. 自然知識が実務・公衆衛生・物質的進歩とさまざまな接点のある題材に関して、**科学分野の著名人が書いた記事**。科学の進歩とその教育的および文明的な機能に関するもの。

II. 一般的に広く興味をひく科学的発見についての、必要に応じて**イラストで説明された完全な説明**。

III. **大学や学校で**自然知識の獲得を奨励するためになされた、すべての努力の記録と、科学教育への助言。

IV. **科学研究の完全なレビュー**、とくに正確な科学的根拠に基づいて行なわれ、私たちの知識に貢献したもの。新しい事

実、地図、イラスト、表などの形をしているかどうかは問わない。

科学者にとって、より興味深いのは：

V. 英国、アメリカ、大陸の科学協会や定期刊行物で伝えられた**重要な論文の抄録。**

VI. 国内外の**科学機関の会合の報告**

上記に加えて、通信のためのコラムがあります。

〔太字部分筆者〕

　以上の創刊趣旨を記したあとに、原稿執筆の約束をしている貢献者の名前が、次ページまでずらりと127人も記載されています。イギリス内外の大学に在籍する科学の専門家や教育者、科学協会に籍を置く専門家たち。なかにはダーウィンやキングスリー、ウォレス、ティンダルなど、著名人の名前も見られます。

　ちなみに、現在のnatureの公式ウェブサイトによれば、そのミッション・ステイトメントは「第一に、科学のあらゆる分野における重要な進歩の迅速な発表を通して科学者に役立つこと、そして科学に関するニュースや問題の報告や議論の場を提供すること。　第二に、知識、文化、日常生活の重要性を伝えるように、科学の成果が世界中の人々に素早く発信されるようにすること」です。一般の人々と専門家のどちらを主要読者として重視するかという点で、創刊当時と現在では逆転していることがわかりますが、natureの「二兎を追う」姿勢は、創刊以来一貫しているのです[10]。

10　https://www.nature.com/nature/about

さて、それではいよいよ次章から、150年前のnatureに何が書いてあったのかを実際に見ていきましょう。ハクスリーが巻頭言のしめくくりに書いたように、「笑みをうかべて私たちがベストを尽くしたことを知る」ことができるでしょうか。

第 2 章

ヴィクトリアンの科学論争

雑誌の上の公開討論

　創刊後すぐのnatureを見てみると、1869年11月18日号（第3号）に初めて登場してから翌年8月までに8回も掲載され、7人もの人物が紙上論争に参加するという、とても目立つテーマがあります。それが「カッコウの卵」にまつわる論争です。

　論争の発端は依頼記事として書かれた論文ですが、そこから続いた論争はすべてLetters to the Editorという読者投稿欄で行なわれました。

　この欄は形式上、nature編集部に対して意見を表明する投書欄のような名前ですが、実質的には読者が記事を執筆した著者に直接意見を表明する場所になっていました。その次の週にはさらにその返事が掲載され、その次の週にはまたさらに返事や質問・意見が掲載されて議論が展開する、というように公開討論の場として利用されていたのです。

　ここでnatureの2つの特徴、「週刊であること」と「読者投稿欄があること」が面白い化学反応を起こします。当時の学術雑誌の多くが月に1度発行される月刊誌だったなかで、週刊のnatureの投稿欄はほぼリアルタイムで議論ができる貴重な場になっていたのです。

　もちろん、どの投書を掲載して、どの投書を掲載しないかは編集部が決めていますが、タイトルの下には「編集者は通信相手が表明した意見に対して責任を負いません」と書いてあり、議論は

当事者同士の責任でやってくださいという姿勢を示しています。

nature の定期購読者は毎週、紙面上で興味あるテーマについて公開討論することができ、議論によってテーマが真実の科学知識に近づいていく過程が雑誌に記録されました。

雑誌の役割として、教科書のように定説を載せるのではなく、定説に異論を唱え、議論を挑む姿勢が重視されていたことがわかります。ビジョンを示し、異論を唱え、事実を集め、みんなで真実に近づいていく過程が重要だという、最も基本的な科学の思想を表しているように思います。

また、今日この雑誌のページを繰るものからすると、読者投稿欄を見れば、その科学テーマの探索過程がわかりますし、ヴィクトリア朝時代の科学（博物学）や関わった人たちの横顔も見えてきます。

カッコウの卵は何色？

さて、ではその内容を見てみましょう。このころの博物学は次第に科学に脱皮し、専門化されていきました。しかし「カッコウの卵論争」はアマチュアを巻き込んだ博物学の雰囲気を色濃く残しており、ヴィクトリアンの気分を存分に伝えています。

はじめに、カッコウについて何が注目されていたかというと「カッコウの卵の色や模様」です。

カッコウは、他の鳥の巣に卵を産んで、自分は子育てをせずに、

別の巣の親鳥（里親）にヒナの子育てを押しつけてしまう「托卵」という行動をします。

　カッコウのヒナもすさまじい能力を備えています。里親の産んだ卵よりも少し早く孵化し、里親が餌を探しに巣を離れているすきに、自分の背中の上に里親の卵をのせて巣から放り投げるという芸当をやってのけるのです。

　それでも里親がだまされていることに気がつかない場合、カッコウのヒナは里親の採ってきた餌を独占してぐんぐん育ち、しまいには、里親の体よりも異常に大きく育って巣立ちをするまで、貪欲に餌をねだり続けます。

　このようにして、カッコウは自分で子育てをせずに次世代を残し、種を継続させています。

　カッコウのメスが托卵すると、里親の巣には、里親が産んだ卵にカッコウの卵が混じることになります。その卵の色と模様がヴィクトリア時代の紳士・淑女たちの議論の的だったのです。

産む卵を似せて里親をだます？

　議論の発端となった論文は1869年11月18日、著名な動物学者・鳥類学者であったケンブリッジ大学教授のアルフレッド・ニュートン教授[1]（Alfred Newton：1829–1907）の論文[2]です。ニュートン教授の文章は形式張った、回りくどい難解な文体が特徴で、いかにも英国紳士の趣です。次のような書き出しで始まります。

ヨーロッパのいわゆるカッコウほど、ナチュラリストだけでなく一般大衆の注意をひく鳥はいない。しかもそれに伴ってカッコウほど多くの物語に登場してきた鳥もいない。その奇妙な、子孫を里親に委ねるという独特の方法は、歴史の中で長い間感じられてきた関心の多くを説明するのに十分である。

ニュートン教授がいうように、カッコウが他の鳥の巣に托卵することは昔から知られており、古くは紀元前300年代にアリストテレスが「カッコウは自分の卵を抱かず、孵化させず、育てない」と書いています。シェイクスピアも『恋の骨折り損』という作品のなかで、妻が不貞を働いたため、別の男の子どもをそうと知らずに育てているかもしれないことを歌う歌詞にカッコウを登場させました。

ニュートン教授は続けます。

カッコウの卵は色が非常に多種多様であることが長い間知られてきた。里親は非常に異なる色の卵を抱く。いま私が参照する理論は「カッコウの卵は、ほぼ彩色されており、その巣が預けられた鳥のものと同様の模様がついている。それは、里親にとって置き換えられたものとして認識されにくい可能

---

1 ニュートンといえば、このころよりもさらに200年前に万有引力の法則を発見したアイザック・ニュートンが有名ですが、"ニュートン"はイギリスなどに多い姓で、二人の間に直接関係はありません。
2 Nature vol.1, p.74, 18 Nov. 1869

性がある」ということだ。

　このようにニュートン教授は、「カッコウは里親をだますために相手の卵に似せた卵を産む」という驚きの見解を示します。この理論は古くは18世紀にフランス人のサーレルヌ（Salerne）によって発表され、その後、ドイツ人の鳥類学者であるバルダムス博士（August Carl Eduard Baldamus：1812-1893）らによって別々に発見されました。そして1865年4月にイギリスの鳥類学雑誌であるアイビスという雑誌に掲載されたことで、イギリスに紹介されたこともニュートン教授はつけ加えています。

　　ただし、カッコウの卵が彼女の目の前にある犠牲者（著者注：里親の卵のこと）のように彩色されているのは、単に「おおよそ」であり、決して普遍的な真実ではないと言わざるを得ない。(中略)これを支持する事例として、私はイギリスのヨーロッパカヤクグリの巣の中に毎年見つかっているカッコウの多くの卵が、（ヨーロッパカヤクグリの）有名な緑色の卵と少ししか似ていないということを言っておく。

　このようにニュートン教授は、里親の種類によっては厳密にこの法則に沿っているわけではないとも言い添えています。
　ニュートン教授は、彼よりも前にこの法則について書いたバルダムス博士などの論文を引用しつつ、自分の観察をふまえてこのように述べたのです。さらに、それならば、どうやってこのようなことが可能になりうるかという独自の考察をしています。

十分な注意を払って動物の習慣を研究している人は、それらの習慣のあるものが遺伝性であることをよく知っている。おのおののカッコウがいつも同じ種の巣の中に卵を置いて、その習慣が彼女の後世に伝えられる可能性があると仮定することは、大胆すぎる仮説ではないだろう。

「遺伝」によって、母カッコウから娘カッコウへ、いつも同じ種の巣の中に卵を置くという習慣が引き継がれることによって、カッコウの卵は里親の卵に似た外見になると主張します。

この年より10年前の1859年にチャールズ・ダーウィンが『種の起源』を発表し、進化の前提として親から子に形質が伝えられる遺伝の考え方が知られていました。遺伝の実体であるDNAのような遺伝物質の正体はまだわからないものの、現象としては見た目や行動が、親から子へ伝えられることが理解されていたのです。

そこでニュートン教授曰く「カッコウをとびぬけて賢い鳥に仕立てることなく」里親の卵に似た卵を産むことを説明するには、

ヨーロッパヨシキリの巣に卵を預けたカッコウは、別の季節にまたヨーロッパヨシキリの巣に卵を入れ、マキバタヒバリの巣に卵を預けたカッコウは、別の季節にまたマキバタヒバリの巣に卵を入れなければならない。

という結論に至ったと主張します。カッコウは里親の種に応じ

て産卵のたびに、自由自在に里親の卵に自分の卵を似せられる不可思議な能力を備えているわけではなく、代々「ヨーロッパヨシキリの巣にだけ卵を産む」、あるいは「マキバタヒバリの巣にだけ卵を産む」というように、カッコウ家（母親から娘へのつながり）ごとに里親の種が決まっているというのです。

　ちなみに、これはニュートン教授が自然をよく観察した結果の考えであることが次の文章から感じられます。

　　私たちは毎年、同じ渡り鳥が同じ場所に戻って、ほぼ同じ場所に巣を作ることを知っている。カッコウは、ややさすらう傾向はあるが、そうした習慣の規則性がない可能性は低く、実際、それが観察された事実であると主張されている。
　　そうであれば、彼女の子孫は同じ習慣を継承する可能性がある。カッコウの娘はいつも彼女の卵をヨーロッパヨシキリやマキバタヒバリの巣に入れている。

　では母親から娘に、同じ種の鳥の巣にだけ卵を産むという習慣が、どうしてカッコウに備わったのでしょうか。ニュートン教授は、ダーウィンの「自然選択」の考え方を取り入れて次のように説明できると主張します。以下の文章のなかで、ニュートン教授は遺伝子の意味で「gens」という言葉を使っています。

　当時の誌面の雰囲気を感じていただくため、原文を直訳すると以下のようになります。

　　その種の卵と多かれ少なかれ類似している特定の種の鳥の卵

の巣の中に飼育する癖を継承したカッコウのメス鳥の特定の
gensが、類似性が最も強いメンバーのgensの中で最も繁栄
し、他のメンバーは時には排除されるであろう。

　それにしてもニュートン教授の文章は難解です。これは次のように説明できます。
　里親の鳥（たとえばヨーロッパヨシキリやマキバタヒバリ）たちも、カッコウの卵が自分の卵にあまりに似ていない場合には、さすがにそれが自分の子どもではないことに気づいて、カッコウの卵を自分の巣から排除します。
　カッコウの卵も最初のうちは、里親の卵に似ていたり、似ていなかったりしたはずです。その場合には、より似ていない卵が里親によって取り除かれます。これが「自然選択」なのです。
　その結果、より里親の卵に似たカッコウの卵だけが巣の中に残ることになり、そのカッコウが孵化し成鳥になったときに、里親の卵に似た卵を産むという形質が次の世代に引き継がれます。
　ですから、決まった種の巣にだけ産卵するというカッコウの性質が母親から娘へと引き継がれる「遺伝現象」と、里親によって自分の産んだ卵に似ていない卵が巣から排除されるという「自然選択」の両方によって、カッコウが里親の種に応じた卵を産むという奇妙な能力を説明できると主張したのです。

ステアランド氏からの質問

　ニュートン教授のこの論文がnatureに掲載されると、すぐに反応がありました。2号後の、1869年12月2日号のLetters to the Editor（読者投稿欄）にステアランド（W. J. Sterland）という人物が投稿します[3]。この人物については詳しいことがわからないのですが、教師養成カレッジであったロンドンのThe Home and Colonial Training Collegeで自然史の講師を務めていたようです。

　　ニュートン教授のカッコウの卵に関する非常に興味深い論文について、私に少しスペースをいただけますか？　私は能力があり熟達したナチュラリストを、批判するつもりはありません。私の目的は、単に理解するのが難しい、いくつかの点についての情報を得ることです。

　イギリス紳士らしい、極めて丁寧な書き出しで始まっています。しかし、中身を読むと、どうやらニュートン教授の説に強い疑いを持っているようです。ステアランド氏が最も疑いの念を持っている点は、特定の色や模様の卵を産む遺伝的形質が、世代を超えてどのように維持されているかです。

3　Nature vol.1, p.139, 2 Dec. 1869

一つの地域に住み、自由に混在する野生動物種の例で、一部のメンバーが習慣の特質を持っているのに、彼らの仲間がその習慣を持っていないということはありますか？

カッコウより乱交性が高い鳥はほとんどいません。どのように交雑から守られるのですか？　そして、私が信じるように、異系交配が行なわれる場合、主張されている独特な卵のスタイルはどうやって保存できるのでしょうか？

さらに、ステアランド氏はもうひとつの疑問として、少なくともイギリスでは、膨大な数のカッコウの卵が、他のどの種よりもヨーロッパカヤクグリの巣に産みつけられていると主張します。そして、「斑点のついた茶色の卵が、緑がかった青色の卵と似ても似つかないのに、これをどう説明しますか？」と強い調子で言い切って投稿は終わっています。

ドレッサー氏とスミス氏からの痛烈な批判

これに対するニュートン教授の反応が誌面に出る前に、別の人物たちからの投稿が続きます。ステアランド氏の投稿から3週間後の1869年12月23日号の読者投稿欄に掲載されたのは、ヘンリー・エーレス・ドレッサー（H. E. Dresser）という人物からの投稿[4]です。

ドレッサー氏は大規模な製材所事業を営む家に生まれてビジネ

スを父から引き継いだ一方で、10代のころから鳥類に並々なら
ぬ関心を持ち続け、英国鳥類学連合のメンバーに選出されるなど、
ほぼプロの鳥類学者といってよいほどの人物で、ニュートン教授
とも友人でした。

　そのドレッサー氏が、ニュートン教授の論文に異を唱える投稿
をしました。彼の経験によれば、「カッコウの卵で里親のものに
似ている卵はほとんど見つからない」こと、「カッコウの卵の色
と模様がそれほど多様であるとは思えない」ことなどを述べてい
ます。

　さらに1週間後の12月30日号の読者投稿欄には、セシル・ス
ミス（Cecil Smith）という人物の投稿が掲載されます[5]。このこ
ろのnatureの署名には所属や役職などが記されておらず、セシ
ル・スミス氏が何者なのかは手がかりが少なくて推測の域を出ま
せんが、同姓同名でシンガポールの植民地時代の知事を務めてい
た人物がいます。

　スミス氏はニュートン教授が彼の論文で引用している内容が、
ニュートン教授が参照したと述べているバルダムス博士の論文と
異なる点を、こと細かく指摘したうえで、実際には、カッコウの
卵が里親の卵と似ていないのに、里親が卵を排除せずに育てる例
が多いことを指摘し、これをどう説明したらよいのかとニュート
ン教授を非常に厳しく問い詰めています。

　バルダムス博士の論文との違いをまるで重箱の隅をつつくよう

4　Nature vol.1, p.218, 23 Dec. 1869
5　Nature vol.1, p.242, 30 Dec. 1869

に指摘していて、本筋が何なのか見失いそうな議論です。

　ステアランド氏、ドレッサー氏、スミス氏という3人がニュートン教授の論文に異を唱えたわけですが、どの投稿も、最初の一文は、「感謝している」やら「意見を述べることをお許しください」やら「数行のスペースを私にください」など丁寧な書き出しです。

　しかし、中身はといえば、ドレッサー氏：「博士が確立したい自然の法則の必要性は地に落ちます」、スミス氏：「論拠としている論文を残っている部分がほとんどないまでに剪定し、未整備にしてしまった」など厳しい口調で批判しており、読んでいるこちらがハラハラしてくるほどです。

ニュートン教授の反論

　最初の質問から約1ヶ月後の1870年1月6日号で、ついにニュートン教授が沈黙を破ります[6]。教授はまずステアランド氏が書いた文章の中から、彼が疑問を呈している点についてひとつずつ丁寧に答えていきます。

　なかでもステアランド氏が最大の疑問だと指摘した、「遺伝的に1種類の鳥の巣に産卵するように決まっているとしても、どうやって交雑を免れているのか？」という問いに対しては、

---

6 Nature vol.1, p.265, 6 Jan. 1870

卵の殻の色と母性本能は母親譲りであるはずはない、とは、私には思えません。この例で、すでに指定されているような遺伝性を認めること（そういう言葉を使うとしたら）は、困難ではないと私は思います。

　これもまたわかりにくい文章ですが、要するに、自然界には多様な遺伝子を持ったオスがいるにもかかわらず、母から娘に卵の色が受け継がれているので、卵の色を決めることに関しては父親の遺伝子の影響を一切受けずに母親の遺伝子だけで決まるのだろう、と推測しています。
　ステアランド氏からニュートン教授への最後の質問にある、膨大な数のカッコウの卵が、他のどの種よりもヨーロッパカヤクグリの巣に産みつけられているのに、斑点のついた茶色の（カッコウの）卵が、緑がかった青色の（ヨーロッパカヤクグリの）ものと強く対照をなしていることをどう説明しますか？　という問いに対して、ニュートン教授は次のように答えて回答を終えています。

　ステアランド氏の最後の質問に対する完全な答えは、あなたが再び読者の寛容さにそむくよう私を促すときに、述べるつもりです。私は「カッコウのだまし戦術」の考察まで、それを延期しなくてはなりません。

　と述べています。nature上での当時の議論の雰囲気を伝えるために、なるべく原文に近い形で訳していますので、とても回りくどい表現ですが、要するに「また質問されたときまでに考えてお

きます」ということです。

　実際、ニュートン教授が最初の論文で述べたように、カッコウの卵が里親の卵に似るという現象は決して普遍的ではないことは、彼自身がわかっていたことでした。ヨーロッパカヤクグリの例のように、似ても似つかないことがあるのはなぜかという疑問に対しては、ニュートン教授も答えられなかったのです。

　ニュートン教授は、つづいて追伸の形で2番目の質問者であるドレッサー氏と3番目のセシル・スミス氏の質問に回答しています。なお、この部分には編集部の注があり、本当はドレッサー氏とセシル・スミス氏からの投書が届く前に、ニュートン教授としてはステアランド氏への回答を編集部に送ったのに「編集部が見落としたことによって」このような形になったと書かれています。

　ともかく、ニュートン教授の次の文章を読むと、読者からの似たような質問に繰り返し回答することに、やや嫌気がさしている様子が見てとれます。

　　ドレッサー氏はp.218で、「ニュートン教授による、カッコウの卵は非常に多様であるという説には完全に同意できない」と述べています。私はそのような主張をした覚えはありません。最も近い言説は私がp.74で述べたように、「鳥卵学者にとってカッコウの卵（すなわちヨーロッパのCommon Cuckowという1つの種についてだけ言及しています）に非常なバラエティがあることは悪名高いことでした」と述べました。私はそれ以来、いくつかの（そして、私が満足していると考える）証拠を提供してきました。

また一方で、ドレッサー氏が自分の説を支持する観察結果の例を提供してくれたことに対しては、次のように冷静に謝意を示しており、面子よりも真実を重視する科学者らしいニュートン教授の態度が表れています。

ドレッサー氏自身もまた、私の言説を承認する追加の2、3の例を示しています。同じメスのカッコウの卵がお互いに似ているという、私の想定を支持する彼自身の観察結果を示す知識の提供に関し、私は彼に非常に感謝しています。

つづいて、ニュートン教授が引用したバルダムス博士の論文を、ニュートン教授がまったく違う内容に曲解していると厳しく批判したセシル・スミス氏に対しては、次のように毅然とした態度で応じています。かなり難解で訳出しにくい部分なので、原文に近い形で記してみます。

私の「慎重かつ限定された声明」は博士のものとは違いますし、事実についての彼の単一の主張を「まったくかき消して」もいません。スミス氏は、この国のヨーロッパカヤクグリの巣に毎年見つかるカッコウの卵の数を私が参照したので、その鳥の卵になんら類似することなく、私がバルダムス博士によってドイツからもたらされた唯一の例外的な事件を否定しなければならないという、彼によって完全に認められている事実を考えていると思います。

私は、前に示したように、バルダムス博士を誤解したスミス氏が、いま私を誤解しているということを付け加える自由を取らなければなりません。これが事実である場合、あなたのスペースをさらに活用することは、おそらく私には不要です。

　まことに難解極まりない表現ですが、とにかくスミス氏の批判を「バルダムス博士の説を誤解したように私の説も誤解している」と完全に斥けて、最後には「再質問はもう受け付けない」と宣言しています。ヴィクトリア時代の英国紳士の科学論争とは、このように丁寧な言葉遣いながらも、必要なときには相手の非を徹底的に追及するものだったのです。

さらに別の二人から投稿が…

　それから約2ヶ月後の1870年3月17日号の読者投稿欄に、新たにフランシス・G・ビニエ（Francis G. Binnie）なる人物が登場します[7]。ビニエ氏はケンブリッジ大学病理学科の教員だった人物です。投稿では彼が実際にフィールドで行なった観察の結果を詳細に述べています。

　内容はニュートン教授の論文を支持するもので、カッコウの卵が「メジロの卵に非常に似ていることもあったし、おそらくジョ

---

[7]　Nature vol.1, p.508, 17 Mar. 1870

ウビタキ類のどれかの種に似た明るい緑一色の青がかった卵のこともあった」という結果を報告しています。

さらに約4ヶ月後の1870年7月7日号の読者投稿欄に、E.L.レイヤード（Edger Leopold Layard：1824–1900）という人物の投稿が掲載されます[8]。レイヤード氏は、イギリスの外交官でセイロン、南アフリカ、ニューカレドニアで領事などを務めた人物ですが、博物学者としても知られ、スリランカと南アフリカで自然史博物館を設立し、チャールズ・ダーウィンとも親交のあった人物です。

そのレイヤード氏は投稿のなかで、ヨーロッパのカッコウの卵の観察をふまえて、自身が執筆した『南アフリカの鳥』という本に「カッコウの卵は、通常、里親の産む卵と似ている」と書いたことを明かします。

ところが、彼が"南アフリカの特派員"と呼んでいるある人物から、アフリカではこの現象は当てはまらず、「里親鳥の種類にかかわらずカッコウの卵は白い卵である」という報告を受けたことを記しています。

南アフリカのバーバー夫人

この投稿に対して何の反応もないまま、1ヶ月あまり後の1870

---

8 Nature vol.2, p.188, 7 Jul. 1870

年8月18日号に、再び先ほどのレイヤード氏が登場します[9]。レイヤード氏は、前回の投稿で"南アフリカの特派員"と呼んだ人物の正体を明かし、その人物からレイヤード氏に届いた手紙の一部を転載しています。

その人物とは、バーバー（Barber）夫人と呼ばれる女性です。メアリー・エリザベス・バーバー（Mary Elizabeth Barber：1818-1899）は、当時、イギリスの植民地であった南アフリカに両親が移民として移り住み、そこで生まれ育ちました。科学者としての正規の教育は受けていませんが、優れた科学的才能を発揮して博物学に貢献し、南アフリカ原産のアロエの木など複数の植物の学名にその名を残しています。

バーバー夫人の科学的な信頼性について「バーバー夫人の名は、最も正確な科学的観察者として植物界でよく知られています」とレイヤード氏も太鼓判を押しています。

natureの読者投稿欄に転載されたバーバー夫人からレイヤード氏に送られた手紙は次のようなものです。

　　カッコウ族の卵に関するあなたの発言は非常に興味深いです。私は自然選択の信者であり、ダーウィニアンであると告白しますが、カッコウの卵については自然選択の介入の必要性は見あたりません。ただし、ここで私が自分の国（南アフリカ）のカッコウについてのみ話していることを念頭に置いてほしいと思います。私が観察した限り、カッコウの卵は、彼らが

9　Nature vol.2, p.314, 18 Aug. 1870

寄生している鳥の卵とは似ていません。

と結論を先に示し、具体的に南アフリカで自分が観察したカッコウの卵の色が、多くの場合は白くて大きく、里親の卵とはまったく似ていなかった観測結果を次々と述べています。

　また、カッコウは通常、1つの巣に托卵する卵の数は1個ですが、里親の鳥が大きい場合には、托卵の数を増やすという興味深い観察結果も書いています。バーバー夫人の手紙によれば、カッコウ族の一種であるOctober bird（Oxylophus cdolius）は大きな鳥であり、その例としてウッドペッカーの巣に托卵しますが、バーバー夫人はウッドペッカーの巣で3羽のカッコウのヒナを見つけたことがあると述べています。

　　非常に多くの卵が1つの巣に托卵されていたはずですから、これは一般的な出来事ではないと私は信じています。大きなウッドペッカーはしかし、October birdと同じ大きさです。彼らが寄生している鳥がもっと小さいと、カッコウは卵を1つだけ産みます。そのような場合には、必要とされる食糧およびスペースは1個体分しかないからです。

　詳細な観察と明晰な考察の結果を述べ、彼女の文章は次のように終わります。

　　卵に関しては、里親の識別能力は非常に鈍いです。事実、彼らはまったくその能力を持ちません。したがって、この場合、

自然選択は機能しません。それは必要ではないでしょう。自然界には無駄はなく、失敗はありません。時間と創意工夫の無駄な支出はありません。（自然の）すべてのしくみは、自分の目的を達成するのに、無理や鍛錬を必要とせずに機能するよう、うまくできています。

たしかに、南アフリカでは里親による卵の認識能力は低く、「自然選択」がされていないと考えることは、バーバー夫人の指摘のとおりです。なぜ南アフリカではそうなのかという理由は不明ですが、ニュートン教授の説とも矛盾しません。

このバーバー夫人の報告を最後に、nature上でのカッコウの卵論争は終わりました。ニュートン教授からのさらなる見解もありませんでした。

ニュートン教授の論文に始まり、ステアランド氏、ドレッサー氏、スミス氏、ビニエ氏、レイヤード氏、そしてバーバー夫人という7人の紳士・淑女の活発な科学論争の続きが、なぜそれ以上取り上げられなかったのかはわかりません。

初代編集長のロッキャーはnature創刊当初、一般読者を得るために、多くの人が興味を持ちやすいテーマを意識して雑誌に取り上げようとしていました。加えて、当時の最先端の研究テーマである進化論ともうまく関連していたという意味で、このカッコウの卵論争はうってつけの話題だったと思われます。

しかし、ニュートン教授が最初に書いた「カッコウは里親をだますために相手の卵に似た色の卵を産むことがある。それは自然選択と遺伝の法則で理解できる。ただし、里親の鳥の種類によっ

ては、厳密にこの法則に沿っているわけではない」という見解以上に新しい発見がなく、法則に従っている場合と従っていない場合がなぜ存在するのかという謎は、謎のまま残されており、当時はそれ以上の進展を望むことが難しいと編集部が判断したのかもしれません。

カッコウの卵の色に関する現在の理解

　結局、カッコウの卵は里親の卵に似ているのでしょうか？ そういうことがあるとすると、例外はなぜ起きるのでしょうか？ ヴィクトリア朝時代の科学について考察する前に、このカッコウの卵の科学的結論に興味を持っている方もいるでしょうから、ここでそのことについて先に簡単に触れておきます。

　じつはカッコウの研究は現在も続いています。当然のことながら150年前よりもその生態はだいぶわかっています。カッコウの卵の色と模様については、驚くことに150年前にニュートン教授が提唱したとおり「カッコウは里親をだますために相手の卵に似た色の卵を産むことがある。ただし、里親の鳥の種類によっては、厳密にこの法則に沿っているわけではない」というのが現在にも通用する理解なのです。

　さらに、ニュートン教授の科学的貢献は、カッコウの卵が里親の卵に似ている現象の理由づけを行なったこととして知られています。ヨーロッパヨシキリの巣に卵を預けるカッコウは、その娘

64

もヨーロッパヨシキリの巣に卵を預け、マキバタヒバリの巣に卵を預けるカッコウは、その娘もまたマキバタヒバリの巣に卵を入れるというシンプルな決まりごとです。

つまり、カッコウには親子（母娘）代々、特化した鳥の巣に卵を産む「托卵系統」が存在し、ニュートン教授がgensと呼んだように、それはカッコウの母から娘に（父の遺伝子に影響されずに）遺伝するのです。

最初は里親の卵に似ていなかったカッコウの卵が、里親による自然選択、つまり「より似ていない卵を巣の外に落として排除する」行為を代々繰り返すことで、里親側の卵を見分ける能力が進化していくと同時に、カッコウの卵は里親の卵に似てくるという、まるで両者の軍拡競争のような結果につながるのです。両者は相手に反応して進化するため、共進化の例といえます。

現在の研究では、カッコウの托卵系統間では遺伝的な違いもあることがわかっていて、托卵系統はカッコウの亜種（種として独立させるほどではないが、種の中の区分）のようなものと理解されています。

この托卵系統について初めて記したことでニュートン教授はその名前をカッコウの研究史に残しているのです。

では、一方でニュートン教授も答えることのできなかった問題、「なぜヨーロッパカヤクグリのように、カッコウの卵が里親の卵に似ていないことがある」のでしょうか？

この問いに対しては、「その種にカッコウが托卵し始めてまだ歴史が浅く、里親側が卵を見極める能力が未熟で、自然選択があまり進んでいないから」と理解されています。

それにしても、托卵される里親側からしたら、敵の卵を排除する行為が、時間が経過するにつれて敵の能力を高めていくのですから、じつに恐ろしいしくみですね。

ヴィクトリア朝時代の科学
——カッコウの卵の論争から

　natureの創刊期に誌上で繰り広げられた、カッコウの卵論争を詳細に見てきました。ここから、この時代のイギリスの科学や科学者たちの横顔が浮かび上がってきます。今と違う点や意外に感じる点を、いくつかまとめてみたいと思います。

　まず、ヴィクトリア朝時代の科学の特徴のひとつは、科学史でいう「第二次科学革命」といって、科学が専門分化に向けて大きな一歩を踏み出した時代だったということです。

　この時代よりも2世紀ほど前までは、現在の自然科学のうち、物理学や化学などは自然哲学（natural philosophy）と呼ばれ、生物学や地学などは博物学・自然史（natural history）と呼ばれていました。1660年には世界初の学会であるイギリスの王立協会（Royal Society）が設立されましたが、それは同好の士の集まりでした。

　それに対して、ヴィクトリア朝時代には天文学会、植物学会、医学会などの専門学会が次々と設立され、それぞれジャーナル（学術雑誌）を刊行し、掲載論文の品質管理をするために、査読制度（専門知識を持った者が審査し、掲載するかどうかを判断す

る）が確立されていったのです。

　その過渡期にあって、カッコウの卵のようなテーマは往年の博物学の色彩を色濃く残していたといえます。

　カッコウの卵論争が行なわれたちょうど10年前の1859年にチャールズ・ダーウィンが『種の起源』を発表し、ただ偶然に存在しているように見えた無数の生物たちの中心には、「進化」という名の大河が、過去から未来に向かって流れていることがわかりました。生物界を貫くこの法則の発見によって、「記載し分類する博物学」から「生命現象の真理にせまる生物学」へと学問が大きく進展していったのです。

　しかも遺伝現象の実例の数々は、身近な自然のなかに見え隠れし、それを注意深く観察した誰かによって発見されるのを待っていたのです。そういう学問的な変遷のまっただ中にあったということです。

　次に興味をひかれる点は、ケンブリッジ大学の教授であるニュートン教授の論文の内容について意見を寄せている人たちが、必ずしも科学を専業にしている人ばかりではない、ということです。科学研究の内容そのものについて、専門家の論文に非専門家が物申すことなど、今の時代では考えられません。

　ステアランド氏、ドレッサー氏、スミス氏、ビニエ氏、レイヤード氏、バーバー夫人の6人のうち、おそらく大学に籍を置かず、職業としての科学とは関係のない立場だったのが、ドレッサー氏、スミス氏、レイヤード氏、バーバー夫人の4人です。

　何度も述べているように、19世紀後半は、まだプロフェッショナルとアマチュアの境界はあいまいでした。とくに博物学は生物

学へと脱皮していく途中にあり、一般の人たちの知的好奇心を刺激し、フィールドの熱心な研究家を育んでいたのです。

　このような当時の状況を見ると、自然が身近にあって、プロでない愛好家の紳士・淑女たちが熱心に生物を観察・収集し、議論をしていたヴィクトリア朝時代の精神的な豊かさを感じずにいられません。当時の最先端科学が、社会のなかで文化としての一面を持っており、現在は失われてしまった科学に対する興味の幅の広さを感じるのです。

愛好家が参加しやすい　　科学分野

　とりわけ、カッコウの研究のような分野は、行動生態学というフィールド科学で、一般の人が参加しやすいこともあるのでしょう。20世紀に入ってからもまるで前世紀のように、愛好家たちの知的好奇心を刺激し続けた分野でした。

　1922年にセシル・ドーネイ夫人なる女性が英国の『カントリー・ライフ』誌に書き送ったという投稿は、当時の優雅な雰囲気を今に伝えてくれます。

　　聖霊降臨祭の6月4日、家の前の芝生でテニスをしていたとき、乳母が子供部屋のバルコニーから声をかけ、カッコウが舞い込んできて子供部屋の床に座ったと言いました。姉妹がそこへ行き、カッコウをつかまえて外の芝生に出し、私たち

はそこでカッコウの美しさを讃えました。そのとき、カッコウは、私の小さな娘の肩の上に優しく舞い降り、これ以上はないというほど優美な仕方で卵を産み、卵は割れずに地面に落ちました。このカッコウは、以前、子供部屋の窓の近くの木にいるのが見つかっており、ハクセキレイがその窓から数フィートの藤の中に巣を構えていることもわかっていましたので、カッコウはこの巣に卵の1つを産もうとしているのだろうと想像していました[10]。

うららかな春の庭園が目に浮かぶようです。

最後に、少なくともnatureの編集部が意識していたと思われる点が、学術の担い手としての女性に対する公平な扱いではなかったかと思います。

前記のとおり、レイヤード氏の最初の投稿で"ある人物"として紹介していた人物がバーバー夫人という女性であることが、2通目で明らかになります。

家庭こそが女性の居場所とされたこの時代において、プロフェッショナルな科学者や技術者のなかに、女性は1%足らずしかいませんでした[11]。一方で、初等・中等教育における女性教師の割合は男性教師の3倍近くにもなりました。

そのような状況下で、ヴィクトリア朝時代には大きなうねりが

---

10 ニック・デイヴィス著／中村浩志、永山淳子訳『カッコウの托卵 進化論的だましのテクニック』地人書館、p.113-114

11 滝内大三「19世紀イギリス女性の職業とキャリア形成」『大阪経大論集』第56巻第6号、2006年3月

生じ、女子の科学教育をどうしていくべきかを考察した記事が nature に多数掲載されています。このことについてはまた別の章で見ることにしましょう。

第 3 章

150年前の科学

I 150年前の自然科学の概略

「百科の学問」の時代へ

　前章ではnature創刊のころに読者投稿欄を賑わせていた「カッコウの卵」論争に焦点をあてて、この時代の博物学論争の優雅な雰囲気を感じていただきました。

　本章では、150年前のnatureで議論されていたメインの科学や技術とはそもそもどのようなものだったのかを見てみたいと思います。

　まず、natureに掲載されている記事の多くは自然科学に関してのもので、技術のことをテーマにした記事は限られている点は先におことわりしておく必要があるでしょう。したがって本章でも技術発明の話題はほとんど出てきません。

　そして自然科学について非常におおざっぱにいえば、現在のほとんどすべての科学分野が専門化に至る途上にありました。つまり、物理学も化学も生物学も地球科学も、それぞれが専門性に目覚め、さらに細分化され、「百科の学問」として花開く直前だったのです。

　しかもそこで重要なのは、それまでの知識の改良ではなく、飛躍的な概念の発見がいくつもなされ、その概念がのちの専門知識の基礎になった時代であるということです。

歴史上
最も意味のある「空欄」

　具体的にすべてを数え上げるのはとても難しいのですが、たとえば天文学では、輝く星をただ眺めるのではなく、望遠鏡に導いた光を波長ごとに分け、スペクトルごとの強度を測る観測方法が発達し、スペクトルのパターンが星に含まれる元素の指紋を示していることがわかってきました。

　natureの創刊者であり編集長であるロッキャー自身も、1868年の日食のときに太陽を観測し、未知のスペクトルを発見しました。彼はこれを「地球上でそれまで知られていなかった未知の元素が、太陽に大量に存在するためだ」と正しく認識し、その未知の元素をギリシャ語の太陽（ヘリオス）にちなんで、「ヘリウム」と名づけました。

　また、新しい元素が次々と見つかるなかで、元素の規則性を見出して並べる周期表の作成が何人もの手で行なわれました。最も成果をあげたのがロシアのメンデレーエフ（Dmitry Ivanovich Mendeleyev：1834-1907）です。化学的な特性をもとに元素を並べた彼の表には空欄がたくさんありましたが、それは歴史上、一番意味のある空欄だったかもしれません。まだ発見されていない元素の存在を正しく示していたからです。

一人で多分野を手がけた
科学者たち

　イギリスのマクスウェル（James Clerk Maxwell：1831-1879）は、別々のものと考えられていた電気と磁気と光を、数学の関係式に結びつけ、電磁場という概念に統一し、電磁気学を打ち立てました。150年たった今でも、身近な電気製品から放送・通信・交通・発電といった社会インフラまで、幅広くこの基礎理論をもとにしています。

　電磁気学のあまりにも輝かしい業績のために、彼のほかの仕事はあまり意識されませんが、マクスウェルはこれより早い時期に、土星の輪の正体である小さな粒について論じましたし、また別の機会には気体のランダムな分子運動を数学的に表現し、分子運動そのものが温度の正体であることを説明するという非常に重要な仕事もしました。

　一人で多くの分野を股にかけたのはマクスウェルだけではありません。1858年にダーウィンとともに、自然選択による進化説を共著論文で発表した、イギリスのウォレス（Alfred Russel Wallace：1823-1913）は、オーストラリアにいる動物がアジアにいる動物とかなり違うことに気づきました。

　その違いの根源を調べてみると、インドネシアの島々のなかで、ボルネオ島とスラウェシ島の間、そしてバリ島とロンボク島の間では、動物の種類が違っており、南北に境界線が引けることに気

づいたのです。この境界線より東側はオーストラリア大陸と似た動物種、西側はアジア大陸と似た動物種がいる傾向が見られるのです。

　理由として、ウォレスはこの境界をはさんだ島々は地理的に長い間隔離されており、動物が別々の進化を遂げたためだと理解しました。この境界線はのちに「ウォレス線」と呼ばれるようになります。

　ウォレスの発見がもとになり、生物学と地理学が結ばれて、生物種と過去の気候（氷河期の水深の影響）や地質的な影響を総合的に考える生物地理学が生まれました。

　以上のように、一人の科学者が自然哲学者として、自然界を幅広く見渡し、追究して、多分野の最新の議論に加わっていたのです。このようなことは、以降の時代に専門度が高くなっていくと、なかなか常人には難しいことで、今から見るとこの時代が最後だったといえます（しかし、専門化と細分化が進んだ現在の自然科学では、面白い新発見は再び多分野の境界領域に期待されています）。

　先ほどの元素の例や、いまのウォレスの例でも片鱗が見えますが、この時代には違う分野同士が刺激し合って、新たな発見や発明が生まれました。天文学と物理学、化学、そして生物学、地学が、ある場合にはお互いにそれぞれの専門領域を刺激しあいながら発展し、個々の学問の根幹を作ったのです。

立ち止まって
科学の「景色」を見る

　さて、これ以上各論に入り込む前に、当時の自然科学の全体像をつかむのに最適な記事が1872年のnatureに掲載されていますので、それを紹介したいと思います。

　「過去25年間の自然科学の進展」という題名の記事で、ドイツの植物学者で細菌学の基礎を築いたコーン（Ferdinand Cohn：1828-1898）が、1872年にポーランドで行なった講演をもとにnatureの編集部でまとめたものです。前半[1]と後半[2]の2回に分けて長い文章で綴られています。

> 高い山頂に向かって登る人のように、ときどき少し立ち止まって、登ってきた道を振り返り、見通しのよい高いところに立って景色を楽しみたいと感じることがある。
> 科学の絶え間ない進歩の瞬間に、私たちはバランスのとれた立場に立って、現在の状況がどれくらい回り道なのか、一時的な目的のためにいかに労力が費やされているのか、あるいはどれくらい永続的な発達がなされたのかを見てみたい。

　このような文章で始まるところが、いかにもヴィクトリア朝時

1　Nature vol.7, p.137-138, 26 Dec. 1872
2　Nature vol.7, p.158-160, 2 Jan. 1873

代らしく、魅力的に感じます。

　科学研究は、よく目の前にそびえる山への登山に喩えられます。頂上までのルートを考え、装備を整えて一歩一歩論理を重ねて前進し、やっと達成できたと思ったら、また次の疑問という新しい峰がそびえ立ち、さらに前を向いて登り続けます。あるとき、ふと歩みを止めてあたりを見回すと、そこには高山にしかない花が咲き誇り、そこに行った者でなければ直に見ることができない美しい景色が広がっているのです。

エネルギー保存則と質量保存則

　つづく文章でコーンは過去25年間の最も大きな発見が次の3つであると断言します。「機械的に等価な熱」「スペクトル分析」「ダーウィンの理論」です。

　「機械的に等価な熱」とは、のちにエネルギー保存則に至る重要な知識です。1842年にドイツの田舎にいた医師マイヤー（Julius Robert von Mayer：1814-1878）が、高いところから物を落としたときに、その位置エネルギーの減少分だけ温度が上がることを発見したことに始まります。

　マイヤーは無名だったため、彼がこの発見をしたことはあまり知られていませんが、natureにはきちんと書かれています。

　その後、イギリスの物理学者ジュール（James Prescott Joule：1818-1889）が一定量の仕事がどれくらいの熱に変わるかをマイ

ヤーより正確に測定しました。

　さらに、ヘルムホルツとトムソンがエネルギー保存則としてまとめ、ティンダルが華麗な著作にして世に広めたと述べています。

　つづいて話題は保存則に移ります。

　　電気と磁気、熱と光、筋肉のエネルギーと化学結合力、運動と機械的仕事――。宇宙のすべての力は、同じエネルギーの異なる形でしかない。それは、最初に不変の量で生まれたものであり、増加も減少もしない。

　　エネルギーは少しでも消滅させたり創造したりすることはできず、その形だけを変えることができる。光は化学的等価物に変換することができ、これを再び熱、運動への熱、そして実際には一定量の力だけ、常に等価な量に変換することができる。

　　同様に、物質の量は最初から変わっていない。最小限の粒子や分子を消滅させることはできない。壊れやすい性質のなかでのみ、分子は常に新しい組み合わせになっている。（中略）さらに、物質の化学的結合、宇宙のすべてにかかる重力は、この普遍的な原動力のさまざまな形にすぎない。

と述べています。このように、エネルギーがさまざまに形を変えていっても総量は変化しないという「エネルギー保存の法則」と、質量が反応の前後で変化しないという「質量保存の法則」を指摘しました。当時は質量保存則が先に見つかっていましたが、エネルギーもまた保存することが証明されたのです。

哲学的教義から
始まった科学

　そして、さまざまな現象の統一と保存則について、印象的に次のように述べています。

　　事象と力という2つの属性を伴う、物質の統一と永続、そしてそのあまたの変更は、宇宙の本体を形成する。それは偉大な思想家スピノザが発表した哲学的公理の最初の実例となった。今、それは正確な測定と重りによって哲学的事実として確立された。

　まさに科学が哲学的な教義から始まった自然哲学であることを実感させる指摘です。
　自然界の多種多様な現象を統一的に理解しようとする考え方を一元論といいます。一元論は17世紀のスピノザの哲学思想にまで遡ることができ、コーン博士はスピノザの哲学がもとにあって、エネルギーの保存と質量の保存として確立されたと理解しているのです。スピノザの哲学は非人格的な神への信念をとおして、神を自然と同一視し、調和のとれた宇宙（コスモス）を最高の善的存在とみなす汎神論です。
　万物の体系的理解が強く意識されており、万物の統一的理解への希求こそが、19世紀にクローズアップされたエネルギーや質量に関する新しい法則の発見を導きました。

このアプローチは、歴史上、物理学に多くの成功をもたらしました。19世紀中頃にマクスウェルが電気と磁気を結びつけたのも、20世紀初頭にアインシュタインが相対性理論によってエネルギーと質量を結びつけたのも、対象を統一的に理解しようという営みだったのです。

そして、20世紀を通して現在に至るまでも自然界が4つの基本的な力（電弱相互作用、弱い相互作用、強い相互作用、重力）でできていることを明らかにしましたし、研究者は現在、さらにそれらを統一する大統一理論に挑んでいます。

このように、17世紀以降の自然科学（当時の研究者は自然哲学と認識していました）が、哲学を道しるべに進んできたことがよくわかります。

「記憶を持った鏡」写真技術

次に話題はコーン博士が2つめの大発見と呼んだ「スペクトル分析」へと移ります。

今世紀の30年代に太陽光が、ニエプスとダゲールによって芸術の世界に持ち込まれた後、ブンゼンとキルヒホッフは化学と天文学のためにそれを応用した。
彼らの知識の力は、伝説の魔術師のように、元素の真髄の最も信じられない秘密を明らかにした。天才たちは、スペクト

ル装置に投影された光線によって、人の好奇心が今まではアクセスできないと考えられていた星の世界での事象に啓示を与えた。

　これもまたわかりにくい表現ですが、解説していきます。
　ニエプスとダゲールは写真技術の開発者です。ニエプス（Joseph Nicéphore Niépce：1765-1833）は世界で初めて写真撮影を成功させたフランスの発明家、ダゲール（Louis Jacques Mandé Daguerre：1787-1851）はフランスの画家・写真家で、ニエプスとともに共同でそれを発展させ、ニエプスの死後も続けた研究により、銀板写真として実用的な写真技術を完成させました。その初期の銀板写真はダゲールの名前をとってダゲレオタイプと呼ばれました。
　少し話題はそれますが、「記憶を持った鏡」として人々を魅了した写真技術は、破壊的イノベーションでした。絵画の世界では、一瞬の光景を切り取る写実的な描写を、絵画よりはるかに容易にしました。フランスの画家ポール・ドラローシュはその正確さに驚嘆し「今日を限りに絵画は死んだ」と言い、彼の弟子たちは写真に転向し、写真家としてその名を歴史に残しました。
　最初、多くの芸術家は写真に興味を持ちながらも、そのことを人に知られるのを恐れました。しかし早い時期にドラクロワが写真を下絵として使うことを肯定しましたし、のちにはドガ、そしてモネなども自ら写真を撮り、動きや光の階調、構図などをそこから学び、やがて絵画でしか表現しえない印象派へと発展させました[3]。

閑話休題。写真技術は自然科学分野にも大きな影響を与えました。ドイツのブンゼン（Robert Wilhelm Bunsen：1811-1899）とキルヒホッフ（Gustav Robert Kirchhoff：1824-1887）は、ガスバーナーを使ってさまざまな元素を白熱するまで熱したときに発する光を波長ごとに分けて（分光）、注意深く観察したところ、元素ごとのパターンに気づきます。このスペクトルのパターンが元素の指紋であることに気づいたのです。そして新たな元素、セシウムとルビジウムを発見します。

　また、先に太陽光スペクトルのなかに見つかっていた暗線（スペクトルに現れる黒い線）がナトリウムのスペクトルと同じ位置に見られることにも気づきました。こうして、分光によって地上にいながら、天空はるか遠くに浮かぶ天体の構成元素までを知ることができるようになったのです。

　さらにそのスペクトルの写真撮影が、輝線や暗線の正確な位置の測定を可能とし、それと分光学の知識が組み合わさったことで「伝説の魔術師のように、元素の真髄の最も信じられない秘密を明らかにし、スペクトル装置に投影された光線によって、人の好奇心が今まではアクセスできないと考えていた星の世界での物事に啓示を与えた」というわけです。

3　横江文憲 "写真と絵画—19世紀フランスを中心に" 『印象派とその時代』美術出版社

問うことすらタブーとされた、
ダーウィンの進化論

　コーン博士の言う、この時代3つめの大発見は「ダーウィンの理論」です。

　当時、昔の地層のなかに絶滅した生物の化石が見つかり、全く新しい生物種の化石がある年代に突然出現している事実が明らかになりました。

　当時の人々の一般的な考えでは、生きとし生けるものはすべて、創造主たる神が創成したのですから、当然、世代を経ても生物種は変わらないと信じられていました。しかし、自然界をよく見ると、少しずつ違っても、よく似た生物がいます。神様がよく似た生物を計画的に、一から新しく作ったのでしょうか。

　このジレンマを解消し、自然科学を一新したのがダーウィンの理論です。それはコーン博士が述べるように「生存のための戦いをとおして、徐々に条件に適応することにより生物が変化し、自然選択と性選択をとおして新しい種に変えられていく」という考えです。

　この、問うことさえタブーとされていた問題に合理的な答えを出してしまったがゆえに、ダーウィンの理論は人々に衝撃を与え、あとで述べるようにさまざまな軋轢を生みます。

　また、当時の生物学のほかの動向として、生きた植物組織も動物組織もすべて細胞からできていることが明らかにされ、動物の状態をその細胞の生存機能にまで遡る「細胞生物学」の発展につ

ながりました。

酵母菌と人間は何が違うか

つづいて、本質的にはすべての生物は細胞の集合であるという
点で共通していますが、酵母菌と人間の間にはどのような違いが
あるのかということにコーン博士は触れています。この問いに対
しては、19世紀半ばらしい喩えが書かれていて面白いので、紹
介しておきます。

　生きている世界の2つの極端な例、酵母菌と人間の世界の違
　いは、次のように喩えられる。個々の強さを体系化する方法
　を知らないグループ（酵母菌の世界）と、厳密に訓練され、
　適切に形成され、よく武装した秩序のよい軍隊（人間の世界）
　のような違いである。後者は多くの意志を中央当局に厳密に
　従属させることによって、常に最高の成果をあげられる。

　実際には、酵母菌[4]を含む微生物は人間のように中枢神経系を
持った動物とは異なる生存戦略を成功させており、状況によって
は人間が微生物の勢力のもとに屈することも多くあるわけですが、

4　酵母菌といってもあなどるなかれ。垂れ耳の犬などは21世紀になっても酵母菌の一種のマ
ラセチアに外耳道を占領され、犬と飼い主の悩みの種です。

当時は単純に動物のほうが微生物よりも優れた生物だと考えられていたことがうかがえます。それを軍隊に喩えるというのも当時の価値観の反映といえるでしょう。

150年前の生命の起源問題

次にコーン博士は「生物学はまだ解決されていない最も重要な問題を残している」として、びっくりすることを綴っています。

生物学への科学的研究が、未だ解決されていない最も重要な問題を残していることは事実である。すべての生命プロセスを他の自然力の単純な変更とみなし、それらの機械的等価物を確認することはまだ不可能である。

まだ絶対的な熱や光を生命に変換することはできない。化学は、有機系と無機系を分離したばらばらの隙間を橋渡しするために日々行なわれているが、それだけでは細胞が存続している生命プロセスを独占的に支える正確な問題を発見することには成功していない。したがって、生命の始まりは未だにあいまいさに包まれている。

生命のしくみが、部品を組み合わせた機械が動くしくみのようには理解できていないことを述べています。裏をかえせば、生命を対象とする生物学も、やがては物理学の法則として、統一的概

念に繰り込まれるだろうということです。150年前に、すでに生物学までを取り込んだ一元論的な最終目標が念頭に置かれていたことがわかる文章です。

　ダーウィンの進化論を受け入れて種が進化したとするのなら、最初の生命は生命ではない前駆的な物質から進化したのでしょうか。じつはダーウィン自身はその可能性を提起していました。そして150年たった現在も、生命の起源は科学者を魅了するテーマであり、一元論的な思想のもとに前進を続けています。

　そうなると、生命と非生命の違いはなんだろう、ということになります。現在は生命現象も究極的には物理学や化学の法則だけで説明できることがわかっています。現在は分子生物学の発展によって、精密分子機械としての生命の理解が格段に進み、DNAの配列を変えたり、タンパク質を構成する元素の働きにまでアクセスできるようになりました。また生命システムを計算機上でデザインして再現しようとする合成生物学のような研究も進められており、生命と非生命の壁は時間を経るにつれどんどん低くなっています。おそらく、こうした統一化への歩みはこれからも止まることがないでしょうが、そのような構想は150年前にすでに存在していたのです。

顕微鏡の驚異的な発展と
多くの発見

　ところで、この議論とは別に、生物の起源に関しては、当時はまだ自然発生説が一部の人のあいだで信じられていました。自然発生説とは「生物が似たような有機体からではなく無生物から突然生まれる」という説で、肉汁を放置すると微生物が現れるというのが当時の自然発生説を主張する人たちの論拠でした。

　この論争に対して、1860年代の始めに白鳥の首のように口の曲がった自作のフラスコを使ってほぼ決着をつけたのはフランスのパスツール（Louis Pasteur：1822-1895）です。

　　パスツールは人類で初めて、細菌がなければ腐敗がなく、酵母菌がなければ発酵が起こらないことを疑う余地なく確立し、われわれに強い衝撃を与えた。

　パスツールは自然発生説を誰にも文句のつけようのない実験できっぱりと否定したのです。この業績以外に、彼はワインの腐敗問題や養蚕業の救済などをとおして、微生物学のみならず、社会にも大きく貢献しました。発酵が微生物の働きであることを発見したのもパスツールです。

　ところで、当時も今も、生物を理解するために肉眼では見えない小さなものを「見る」という行為が決定的に重要な役割を果しており、現在では分子レベルから原子1つ1つのふるまいを見

る量子力学の世界にさしかかっています。19世紀には光学顕微鏡の著しい進歩があり、記事では次のように述べています。

> 次の25年間に、われわれの眼鏡が前の四半世紀と同じ割合で解像力を上げるならば、生命の多くの謎が私たちに展開されるだろう。

　コーン博士が予言したように、顕微鏡はその後も大きな役割を果たしました。25年の間に、細菌学者たちはマラリア原虫、腸チフスを引き起こす細菌、肺炎球菌、結核菌、ジフテリアの原因菌、破傷風の原因菌などを相次いで発見しました。
　また、ドイツのフレミング（Walter Flemming：1843-1905）による細胞分裂のしくみの解明（1882年）、ニューロン突起をもった神経細胞の発見（1889年、ヴァルダイアー＝ハルツら）など、染色技術を組み合わせた顕微鏡技術が生命科学の重要な発展に貢献しました。

過去の自然科学との違い

　つづいて記事は終盤の総括にさしかかり、過去の自然科学とこの時期の自然科学との違いについて言及します。
　第一に、「物理学と化学、数理天文学と地質学が宇宙の発展史に組み込まれ、古生物学、植物学、動物学が統一的に生物学に結

びつき、諸分野の有機的結合が見られる」点、そして第二に「自
然界の有機的側面と無機的側面の境界が崩壊してきており、いく
つかの分野では統合されてきている」ことです。その後の自然科
学の歩みを見ると、物理学を中心に統一論が貫かれたように見え
るのですが、底流には諸学を包含したビジョンであったことがわ
かります。すでに当時から、生命と非生命の結合を視野に入れた
グランドビジョンがあったことは先ほど述べたとおりです。

宗教と自然科学の対立

　コーン博士は、カントが自然科学を哲学から切り離してから、
自然科学が「宇宙、物質、力、時間、生命、精神について事実に
基づいた明確な理論を打ち立てるようになった」ことを述べます。
そして自然科学の合理性を訴えたあと、自然科学と宗教との対立
を匂わせる次の文章が続きます。

　　科学は、ソクラテスとアリストテレス、コペルニクスとガリ
　　レオよりも、千年の伝統によって崇められた宇宙の他のシス
　　テム（宗教）との戦いを避けることができなくなる。いずれ
　　にしても勝利は真理の側にあるだろう。
　　しかし、宇宙に関する科学的知識の進歩に対する人々の不安
　　な魂が、政治的、社会的秩序の崩壊を招く恐れがある場合、
　　歴史に照らすと宗教が保証されるだろう。

「千年の伝統によって崇められた宇宙の他のシステム」とは宗教を指しています。ダーウィンの進化論や無機と有機の境界の崩壊など、この時代の自然科学が、従来の宗教を基盤とした常識や価値観と相容れなくなったのは明らかです。

17世紀のガリレオ裁判に代表されるように、自然科学は歴史的にキリスト教の弾圧を受けてきましたが、19世紀のこの時期もキリスト教と自然科学の緊張が懸念材料だったことがわかります。

自然科学は宗教に代わる存在か

とはいえ、科学が頼るべきものとして存在感を増し、人々の心に占める宗教の割合が以前に比べて小さくなっているとき、社会の道徳律はどのように影響を受けるのかという、次の課題に向き合っています。

真、美、そして善の考えは揺るがないままである。それらはいっそうしっかりと確立された。なぜならそれらは宇宙の秩序と人間自身の心から推論されたからだ。

自然科学の追究は物質主義につながるものではなく、理想的な精神を傷つけることが決してないことは、アレクサンダー・フォン・フンボルトにより証明されている。彼は極端な高齢であっても、人類のすべての崇高な追究のために活気に満ち

た感受性で精力的に知識を共有し、研究と仕事に対する愛を維持した。

このように述べています。「自然科学の追究によって、真・善・美がないがしろにされ、物質主義につながるのではないか」という恐れは今日もしばしば指摘されることですが、当時の人々も抱いていたことがわかります。

自然科学の追究で、人は道徳的に高められる

これに対し、コーン博士は当時のドイツで地理学者・探検家として国民的英雄であったフンボルトを例に出し、「自然科学者自身のあるべき理想像」にその道徳的な答えを求めたのです。「自然科学を追究することをとおして、人は道徳的に高められる」という考えです。

18世紀から19世紀に、教育に科学的手法を取り入れた哲学者のヘルバルト（Johann Friedrich Herbart：1776-1841）が、教育の目的を道徳としたことや、科学の最大成果を「より高い精神的、道徳的見地に育てる人たちの高揚」としたウォレスの価値観と相通じるものがあります。

以上が「過去25年間の自然科学の進展」と題したnatureの記事の概要です。どのような科学の話題が興味あるものとして論じ

られていたのか、またそれをとりまく価値観がどうだったのかを
感じていただけたのではないかと思います。

当時の技術進展について

　なお、このときのnatureの記事では、技術分野については写真
技術のこと以外、まったく取り上げていません。またこの記事以
外であっても、自然科学の記述をメインテーマにしているnature
上に技術分野の話題はあまり多くありません。

　とはいえ、nature創刊のころの欧米諸国の技術進展はじつにめ
ざましく、主なところでは以下のような技術が社会にインパクト
を与えていた、あるいは与えようとしていたことを付け加えてお
きたいと思います。

　筆頭は情報革命です。1850年代後半は電信のために大西洋横
断海底ケーブルが敷設されました。電信とは、古い映画などで見
たことがある読者もおられると思いますが、電気回路のオンとオ
フの信号を、電線を通じて遠くに情報を送る技術です。

　「トン・トン・トン・ツー・ツー」というモールス信号がよく
知られています。長さの異なる2つの符号を組み合わせて文字や
数字を表せるため、それを電気回路のオンとオフに対応させるこ
とで、大西洋の向こうにいる相手とでもほぼリアルタイムに通信
ができるようになったのです。それまでの情報伝達は蒸気船で運
ぶ手紙しかなかったのですから、これはまさに革命的進展でした。

そのほかには、1866年にはアルフレッド・ノーベルが、高性能爆薬ダイナマイトを製造しました。1869年には、ベルギー出身のグラムが最初の商用直流発電機を作りました。また同年、フランスのレセップスが主導したスエズ運河が開通し、アメリカでは最初の大陸横断鉄道線路が完成しました。スエズ運河の開通によって、南アフリカの喜望峰まで回り道をする必要がなくなり、ヨーロッパ諸国とアジアとの交易は劇的に進展しました。

1876年にはアメリカでA.G.ベルが電話の特許を取得し、ドイツのN.A.オットーが4サイクルの内燃機関を開発。また同年、アメリカでエジソンが蓄音機を発明しています。このように、その後の社会に大きな影響を与える発明が次々と生まれていたのです。

II ダーウィンはどのように nature に登場したか

さて、自然科学の世界に戻りましょう。この章の残りでは、当時のnatureに頻繁に姿を現している二人のイギリス人科学者を取り上げ、彼らがどのように活躍したのかを紹介します。

まず、ヴィクトリア朝時代のイギリスを代表する科学者といえば、なんといってもこれまでもたびたび本書に登場しているチャールズ・ダーウィン（Charles Robert Darwin：1809-1882）以外に考えられません。

ただし、彼の数々の重要論文は書籍として出版されているため、natureでその本体を読むことはできません。その代わり、ダーウィンの出版した本の内容に関する議論が数多く掲載されていま

す。注目すべき記事を見ていきましょう。

『種の起源』をめぐる大論争

　natureでの進化論の議論の前に、『種の起源』をめぐる論争がどのようなものであったのかを、まず示しておきたいと思います。

　ダーウィンは進化論を発表する際に「人間の起源については議論しないこと」、それから「創世記については論じないこと」を強調しました。

　しかし、進化論を受け入れるならば、「人間もまた祖先動物から進化した」ことを自動的に受け入れざるを得ませんし、そもそも進化論の柱である「創造主が導くことなく、生物が進化する」という考えそのものが、「神がすべての生物を計画して創造した」というキリスト教の教えに反するものです。

　宗教的な疑念は、考えるだけでそれ自体が罪深いこととされていた時代ですから、必然的に大変な議論を呼び起こしました。

　『種の起源』の初版が刊行されたのはnature創刊の10年前にあたる1859年11月ですが、その翌年（1860年）には本格的なダーウィン攻撃が始まります。ロンドン自然史博物館の館長で古生物学者・比較解剖学者だったリチャード・オーウェン（Richard Owen：1804-1892）や、その背後にいたオックスフォード司教のサミュエル・ウィルバーフォース（Samuel Wilberforce：1805-1873）、米国ハーバード大学のルイ・アガシー（Jean Louis

Rodolphe Agassiz：1807-1873）がとくに有名です。

　一方で、生物学者で王立協会のフェローであり、第1章でふれたnature初期を支えた「Xクラブ」の立役者ハクスリー（Thomas Henry Huxley：1825-1895）は「自然選択が進化の理由である」という確信は持てないものの、よい作業仮説であるとして、生物は進化しているというダーウィンの主張を支持しました。

　ダーウィンは『種の起源』のなかで生物進化の証拠を多数示し、綿密な議論を展開したため、その主張は偏見を排した自然哲学者の目で見れば合理的なものだったのです。

　ハクスリーはタイムズ紙などへの寄稿や王立研究所での講演で、さかんにダーウィンを支持する言論を展開しました。人前で議論することを好まず、病気がちでベッドの上で過ごすことも多かったダーウィンに代わり、激しい論争の矢面に立ったハクスリーは、大衆から「ダーウィンのブルドッグ」という異名をとったことは前に述べたとおりです。

オーウェンの執拗な攻撃

　その進化論をめぐる論争がどのようなものであったのか、一例を示しましょう。1860年4月、オーウェンは有力誌の『エジンバラレビュー』に匿名で寄稿した評論のなかで、わざと事実と異なる引用をし、ダーウィンとハクスリーを貶めました。

　その内容がどれほど酷いものだったのかわかるのが、この事件

直後の４月９日にダーウィンがハクスリーに宛てた個人的な手紙
です。ダーウィンはオーウェンの論文について次のように書いて
います[5]。

> 私はこれまでに、これほどの量の不当な記載を見たことがあ
> りません…私が（神の）創造は「先入観による盲目」だと暗
> 示したと彼は書いていますが、これは完全な虚偽です。そし
> て、あなたを困らせてしまい申し訳ありません。あなたが真
> 実であると信じるものを広めようとする利己的でない努力に
> 対して、あなたがとても残忍な攻撃を被ったことを、心から
> 申し訳なく思っています。

　ダーウィンやその理論に対する攻撃はその後も続き、とくに大
衆の間では混乱が続きました。しかし、自然哲学者の間では徐々
に受け入れられ、ほとんどの自然哲学者は進化が起こることに同
意していきました。ただし、そのメカニズムが自然選択であると
いうダーウィンの考えを支持したのは少数でした。
　しかし、それも次第に受け入れられていきます。1866年にオー
ウェンは突然、「自然選択説は自分が最初に思いついた」と主張
しはじめました[6]（これに対し、ダーウィンは1869年2月に出版
した『種の起源』第5版のなかで、過去の経緯を正確に述べたあ

---

5 Darwin Correspondence Project, "Letter no. 2751,"
http://www.darwinproject.ac.uk/DCP-LETT-2751
6 Darwin Correspondence Project, "Letter no. 5106,"
https://www.darwinproject.ac.uk/letter/DCP-LETT-5106.xml

と「過去にオーウェンが強烈に私の本を批判していたことを知っている人たちは皆驚くだろう」と書いて、きっぱり否定しました)。

natureでの進化論

それでは、『種の起源』をめぐり、natureでダーウィンや彼の理論がどう取り上げられていたかという話に入りましょう。

ハクスリーはXクラブのメンバーであり、すでに書いたようにnatureの創刊に深く関わっています。そして、natureが創刊されたのは『種の起源』の出版からちょうど10年目です。

進化論に反対する論争が自然哲学者の間ではひと段落していたと同時に、進化論を支持する自然界の事例報告が広がりを見せており、natureは創刊号から頻繁にダーウィンや進化論のことを取り上げています。

natureに掲載されている進化論に関する記事のトップは、イギリス本国ではなく、ドイツ人の間で進化論がどう受容されたかが取り上げられました。進化論が世に出てから10年経過したころのドイツの科学と社会の関係性について知ることができます。

「チロル・インスブルックでのドイツ人ナチュラリストと医師の会議」(THE MEETING OF GERMAN NATURALISTS AND PHYSICIANS AT INNSBRUCK, TYROL)[7]です。

記事はオーストリアのチロル州、アルプスに囲まれた美しい観光地で知られるインスブルックという場所で1869年に開催され

た学術会議（第43回ドイツナチュラリストと医師の会議）の報告です。

　筆者はイギリス王立協会のフェローで、地質学者のアーチバルド・ゲイキー（Archibald Geikie：1835-1924）です。ゲイキーはスコットランドのエジンバラ生まれで、1863年に過去の気候における氷の運動が、スコットランドの地形にどのように働いたかを初めて明らかにするエッセイを発表し、65年に王立協会のフェローに選ばれました。また地質学研究のために世界を巡った旅行記をエッセイにまとめ、「ハンマー以上のペンを持つ」と言われるほど魅力的な文章で、地質学を人々に伝えました。

イギリス人より早く
進化論を受け入れたドイツ人

　さて、ドイツ人科学者たちが集まる会議でゲイキーは「ドイツ人たちがダーウィンの著作をどう読んでいるかを知って衝撃を受けた」と、次のように述べています。

　　とくに私に衝撃を与えたのは、ダーウィンの著作が現在ドイツ人の心を普遍的に動かしている状況だ。ダーウィンの著作の影響があらゆる面で見られた。個人的な会話のなか、印刷された論文のなか、そしてほとんどすべての分科会にあった。

7　Nature vol.1, p.22-23, 4 Nov. 1869

ダーウィンの名前がしばしば言及され、常に最も深い崇敬で表されていた。

しかし、彼の理論がとくに引用されていないところでさえ、いや、さらにはっきりと、そのような引用がないところでも、私たちは、彼の教義がどのように徹底的に科学の精神に浸透しているかを確認できた。それは自然史から最も遠い知識分野でも見られた。

「イングランドであなたがたはまだ、ダーウィンの理論が正しいかどうかを話し合っている」とドイツ人の友人は私に言った。そして「私たちはそれをはるかに超えてここにいる。彼の理論はもはやわれわれのスタート地点だ」と言った。会議のあいだ、私はこうした状況をかいま見たのである。

このようにゲイキーはダーウィンを生んだ本国のイギリス人よりも、ドイツ人たちのほうがよほど彼の進化論を受け入れており、すでに「議論のスタート地点」になっていることをnatureで報告しました。

ドイツで政治的な意味を持った進化論

ゲイキーの報告はさらに続きます。それは少し意外な方向の論点です。

ダーウィンの影響が認められるのは、科学分野だけではない。
次のことはイギリスではあまり知られていないだろう。3年
前に起きたプロイセンとの悲惨な戦争の後、オーストリア議
会は帝国の再統合について審議するために集まった。そのと
き議会の著名なメンバーであるロキタンスキー教授は、素晴
らしい演説を次のように始めた。
「私たちが最初に考慮しなければならない問いは、チャール
ズ・ダーウィンは正しいのか、そうでないのかだ。そのよう
な問いは、立法府の議場で、間違いなく笑いを誘うだろう。
しかし、あのナチュラリスト（ダーウィンのこと）に寄せら
れるより高い賛辞は決して存在しない」
　偉大な帝国は試練のまっただ中にあり、再建の形式と方法は
ダーウィンの理論が真実か誤りかによって決定されることが
提案された。

　この演説をしたロキタンスキー（Carl Von Rokitansky：1804-
1878）はオーストリアの国会議員で下院議長も務めた人物ですが、
もともと高名な病理学者で、19世紀後半に世界の医学の中心だっ
た新ウィーン派の代表的人物です。病理学を医学の基礎的な学問
として位置づけ、ウィーン総合病院に世界初の病理解剖学専門の
教授が置かれたときに、初代教授となった人物です。
　彼が演説をしたころのオーストリアは、劇的な変化のなかにあ
りました。1866年にプロイセン（のちのドイツ）とオーストリ
アとの間で、ドイツ連邦統一の主導権をめぐって起きた普墺戦争
は、ビスマルク率いるプロイセン軍がオーストリア軍に完勝し、

プラハでの講和条約を締結して終わりました。

プロイセンに破れたオーストリアは、ドイツ統一から除外され、オーストリアを盟主とするドイツ連邦も消滅します。翌1867年に、オーストリアは大国の存続を図るためにハンガリーとの結合を求め、オーストリア＝ハンガリー帝国が成立します。

しかし、この連合国家は多民族国家であり、ドイツ人とマジャル人が多かったとはいえ、それぞれの国内で過半数を占めておらず、どの民族が支配的地位につくのか、あるいは諸民族の自治とするのかが定まらず、不安定な状態にありました。

ロキタンスキーが演説を行なったのはまさにこのような時期です。ダーウィンの進化論の「自然淘汰」を念頭にした内容だったのか、あるいは別のことだったのか、彼がどういう意図でダーウィンの進化論を引用したのかは残念ながら今回明確にできませんでした。

ともかく、この部分を読むとダーウィンの理論が、ヨーロッパ大陸ですでに政治的な文脈をもって捉えられていたことがわかります。

"ドイツは大胆に進歩した"

ゲイキーはロキタンスキーが引用した進化論の政治性には深入りせずに、この時代のドイツを代表する著名な生理学者、物理学者であるヘルムホルツ（Herman Ludwig Ferdinand von

Helmholtz：1821-1894）が行なった演説の紹介に移ります。

　私たちは、インスブルックという、カトリック信徒の最も多
い地域で集まったが、すべてのテーマに関して表現の自由が
あった。最近の科学進歩についての演説で、ヘルムホルツは
次のように語った 。
「何世紀にもわたって停滞したあと、生理学と医学の発展が
花開いた。そして私たちはとくにドイツが、この進歩の舞台
であったことを誇りに思う。ほかのどこよりも、ここでは真
理の帰結に対して恐れない態度が広まっている。イギリスと
フランスにも科学の発展の全エネルギーを共有する著名な研
究者がいる。しかし彼らは社会と教会の偏見の前にひざまず
かなければならない。もし彼らが公然と発言すれば、社会的
な害悪とみなされる。
ドイツはより大胆に進歩した。ドイツ人は、部分的な知識か
ら生じるあらゆる損失は、完全な知識によって必ず正される
と確信している。この優越性のために、ドイツは社会の意見
にかかわらず、科学者たちを導き、活気づけている」

　このように、ヘルムホルツはドイツの研究者が、社会や宗教の
考えに遠慮せずに、研究したり発言したりできる自由な状況を
誇ったのです。実際にはドイツ文化圏でもダーウィンの進化論を
一般大衆が受け入れていたわけではなかったようですが、そのこ
とは研究者たちの足かせにならなかったことがわかります。
　宗教とドイツ政府との力関係はどうだったのでしょう。その後

のドイツの歴史を見ると、翌1870年にカトリック政党の中央党が結成されますが、そのカトリック勢力が帝国の一体性を破壊することを危惧した宰相ビスマルクは、教育権を教会から国家に移管したうえ、聖職者の任免権を国家が掌握し、4000人を超える司祭の逮捕や教区からの追放など、弾圧が強化されていきます。

大衆に対する心地よい反抗

このヘルムホルツの演説に対して、ゲイキーは違和感を覚えます。それは、研究者と一般大衆との関係です。ゲイキーは次のように書いています。

しかしながら、この表現の自由は、単に大衆の信条に対する心地よい反抗という側面を少なからず呈しているように見えた。それでもそれは常に支持を得ていた。

ゲイキーは、ドイツの研究者たちの「表現の自由」が宗教心などの「大衆の信条への心地よい反抗」の側面を持っているのではないかと指摘しています。ゲイキーは、科学界と社会との間に生じているある種の断絶を感じたのです。

当時、政府が科学研究を推進し、世界の最先端を走っていたドイツの研究者コミュニティにとっては、一般社会と関わりを持つ動機がなかっただけでなく、むしろ研究者たちは「大衆に反抗」

することが「心地よい」と感じている、とゲイキーは見たのです。

ゲイキーの見方が正しいとすれば、その後ドイツが進化論を社会に援用する際に犯した過ち（ナチスの思想など）と考え合わせると大変興味深く感じます。

「パーティーが開かれない学会」に驚いた

ゲイキーにとって、このようなドイツ人研究者たちの態度は、おそらく独善的に映ったに違いありません。じつはゲイキーは自身が英国協会のフェローであるという立場から、ドイツの学術会議のプログラムを、イギリスのこの種の会議と比較しています。ゲイキーが、この会議で「イギリス人を一番驚かす」と思った点は、なんと「会期中にパーティーが一切開かれないこと」でした。

これについて「国民の気質に合った社会性の機会がある」と但し書きをつけながらも、ゲイキーは次のように述べています。

私たちの協会は、単に科学者間の友好的な親交を促進することを意図するのではなく、一般社会を通して科学を進歩させるための一種の宣伝者であることを自任している。

だから私たちは一方では冷静で、真剣な科学への懸命な努力をし、もう一方では無制限の祝祭（パーティー）との間で妥協する。ドイツ人の集会は、世界の科学文化がどのようであるかを目立たせなくしている。彼らはむしろ個々の研究者を

強化することを目的にしているのだ。

イギリスの自然哲学者たちが「一般社会を通して科学を進歩させる」ことと「科学文化」を育てる使命を感じて会議のプログラムを組んでいるのに対し、ドイツ人研究者たちは「自分たちの研究力強化だけに専心している」というのです。

科学者たちの大歓声のなかで芽生える 危険な「適者生存」思想

ゲイキーの報告は、さらに気になる記述に移ります。

カール・フォークトという人物が、最近の人類学の進歩について演説をし、そのなかで「私たちの国(イギリス)ではそれを語るのは冒瀆とみなされ、どんなに慎重にしたとしても公に表現するには冒険的な発言」をしたというのです。

フォークトの具体的な発言内容が何だったのかは残念ながら書かれていないので(ゲイキーは活字にするのを憚ったのかもしれません)、推測するしかありませんが、カール・フォークト(Karl Vogt:1817-1895)はドイツ人の科学者・哲学者・政治家でした。フォークトは人間の起源について考察し、人種差別的な主張をしていたことが知られています。それはかつてダーウィンが回避しなければならないと思っていた議論でした。

フォークトの発言に対して、会場からは最初、新しさと大胆さに驚きの声が上がり、ついで承認の歓声が上がりました。異議を

唱える声は歓声にかき消され、演説が終わる際には「まるで人気歌手がアリアを歌ったあとのように長い拍手がいつまでも続き、"ブラボー！"という声が何度もかかった」そうです。

　その大歓声のなか、冷静な観察者であるゲイキーは、自分が立っている場所からそう遠くないところに、フランシスコ会の修道士がひとりいるのに気づきます。修道士の剃毛された頭と垂れ下がった頭巾は、科学者の黒い衣服のなかで際立って見えました。

　「おそらく彼が興味を持っている問いについて、ナチュラリストたちが何を言うかを知るために、彼はここに来たのだろうが、聞いた言葉に衝撃を受けることしかできなかったろう」「そして修道院での会話の材料になったに違いない」と書いてこの記事を結んでいます。

　ゲイキーの書いた記事をごく簡潔にまとめると以下の4つの要点に集約されます。（1）1869年時点では、ドイツ人科学者の間ではダーウィンの進化論が受容されていた。ただし一般社会からは受容されていなかった。（2）イギリス人の科学コミュニティとドイツ人の科学コミュニティは教会と敵対していた点は同じだが、力関係の点で異なっていた（イギリスでは教会の力が強かった）。（3）一般社会と科学コミュニティの距離がイギリスの場合とは異なり、ドイツ人の科学コミュニティには「大衆の神への信仰に反抗」することが「心地よい」と感じる雰囲気があった（と少なくともゲイキーは感じた）。そして（4）この会議に出席した科学者の間で、進化論を援用して、人類学分野で過激な適者生存思想が芽生えていた可能性がある。という4つです。

科学者であるゲイキーが、出席した海外の学術会議の研究内容を伝えるのではなく、ダーウィンの進化論が研究者コミュニティと社会にどう影響しているのか、そしてドイツの研究者コミュニティと社会との関係性はどうなのかという広い視点の報告をしているのです。しかも、学術会議というイベントのなかで起きた事実にそれを語らせ、読者に思考を促す形をとりました。彼が社会のなかで科学文化を醸成しようとしていた証といっていいでしょう。

　また科学雑誌であるnatureが創刊号に掲載していることも、この雑誌の編集者の意図をはっきり示しているように思えます。

ウォレスによる「ダーウィニズムに対する最後の攻撃」

　さらにnatureにダーウィンの進化論がどのように登場しているかを見てみましょう。

　「ダーウィニズムに対する最後の攻撃」（THE LAST ATTACK ON DARWINISM）という記事が1872年7月25日号の巻頭記事として掲載されています[8]。

　執筆者はアルフレッド・ラッセル・ウォレス（Alfred Russel Wallace：1828-1913）です。ウォレスは本書にたびたび登場しますが、科学の業績としては生物地理学に先鞭をつけたほか、マ

8　Nature vol.6, p.237, 25 Jul. 1872

レー諸島を旅して昆虫などの標本を集めるうちに、「自然選択による進化論」を思いつき、1858年にダーウィンと共同でそれを論文発表したことでも有名です。

ウォレスはダーウィンより19歳も年下ですが、ダーウィンと親友として頻繁に手紙のやりとりをしていました。ウォレスは優れた才能の持ち主で、生物地理学や進化論で大きな科学的貢献を果たしたにもかかわらず、ダーウィンと違って裕福な家に生まれなかったために幼いころは苦学を重ね、長じてからも金銭的な不運に見舞われて経済的に困窮します。それでも、後の章で見るように、ウォレスはイギリス社会の不平等に目を向ける利他的な人物であり続けました。

そんなウォレスが「ダーウィニズムに対する最後の攻撃」などという物騒な題名の文章をnatureに寄稿しているのはどういうことでしょうか。

じつは、この記事はブリー博士[9]という医師が出版した「進化論を否定する本」に対して抗議する記事です。ブリー博士の本の題名は『ダーウィン氏の仮説における誤謬の説明』です。

ウォレスによると、この本は外見が『種の起源』の初版本にそっくりで、「ダーウィンとその支持者による悪質な教義への解毒剤」として準備されたように見える、とやや自虐的に表現しています。

そして、次の理由でnatureの記事にこの意見を送ることに決めたと述べています。

---

9 Charles Robert Bree（1811-1886）

この本を注意深く精査した結果、ダーウィン氏の作品を一度も読んだことのない人たちに対して、（ダーウィン氏の）評判が大きく損なわれる可能性があると感じた。『種の起源』を研究し、その記述と結論の正確さを理解した者は、ブリー博士の主張に全く惑わされないと確信している。

しかし、ダーウィン氏の理論について、また聞きの知識しかない人たちに対して、この本が書かれている誤りに目を向けるのはわれわれの義務である。

この本には多数の間違い、虚偽記載、そして「ダーウィン氏の綿密な所見に対する十分な回答」と銘打った（確信犯的な）意見の使用、慎重に（自分たちに有利なものだけを）選択した事実、そしてそれとはわからないように自説に取り込もうとする誘導がある。

まず、純粋に批判する際には、相手の言葉を綿密な正確さで引用するのが作者の義務というものだ。しかし、ブリー博士の本のp.3では、フッカー博士を誤って引用しており、再びp.9で誤引用を繰り返している。

そしてフッカー博士が言ってもいないことを「間違っている」と8ページも費やした。

「引用を間違えたうえに、その人物が言わなかったことの間違いを証明するのに8ページを費やした」というウォレスの指摘には思わず吹き出してしまいますが、この本は相当にお粗末な内容だったようです。

たとえば、口絵には大きく折りたたまれた「ダーウィン後の人

の起源」というイラストが掲載されていましたが、人間の祖先が有袋類とキツネザルの間に描かれていました。ダーウィンの描いた図では人間の祖先はカタルヒン猿のとなりに配置されていたにもかかわらず、です。しかも、ブリー博士はこのことを「ダーウィンの創造物は、クアドゥルマナ[10]の最も低い、キツネザルの子孫となった」と説明してありました。

また、この本のなかには「もし眼鏡技師が対物レンズを作るなら、彼は目的に関連して、レンズをそうする」という、何の脈絡もない"謎めいた文章"が突然現れ、ウォレスを完全に困惑させます。

それでもウォレスはnature上で3ページにわたって、ブリー博士の本の間違いを細かく指摘し、「この本には非常に多くの誤り、偽り、誤解が含まれていて、とても信頼できるものではない」として、次のように結論を下しました。

　本の大部分は、アガシー、ホートン、フローレンス、オーウェン、そして他のダーウィニズム反対派からの引用で占められている。そして、ブリー博士は、これらの作者がダーウィンや彼の支持者によってほとんど気づかれず、返事もされないと不平を言っている。

　しかし、その理由はダーウィン氏の理論の本質に向けられた議論がほとんど欠如していることと、彼らの主張が全く証明

10　クアドゥルマナ（quadrumana）は4本足の霊長類を意味する、現在は使われない霊長類の区分。当時、人間を類人猿から安全に区別するために考えられました。

できない緩い主張であるためだ。

　ウォレスは最後に「この本のタイトルや著者にふさわしくないほどのページを、こうしてnatureに費やすのは、ダーウィンの進化論に精通していない読者が、ブリー博士の示した議論に知らないうちに依存しないように警告するためだ」と念押しして筆をおきました。

ブリー博士からの
意味不明な反応

　この話にはちょっとした後日談があります。

　記事が出た1週間後に、今度はブリー博士の反論がnatureの読者投稿欄に掲載されます[11]。

　ブリー博士は、ウォレスの指摘について「私はウォレス氏に私の著作に関する誤り、および本書で訂正されなかった文章の誤りをいくつか指摘していただきました」などと謝辞を述べたあと、「また改めてあなたの指摘に答える機会があることを願っています」と書き、議論から逃げてしまいました。人間の祖先のイラストを間違って引用したことについては、まったく意味不明の文章で答えています。

11　Nature vol.6, p.260, 1 Aug. 1872

ダーウィンからの
「最後の一撃」

　さらに1週間後、今度はこれに対して、当のダーウィンからの極めて短い投稿が読者欄に掲載されます[12]。

　ダーウィンは「一言申し上げることを許してください――もっとも、これはほとんど余計なことです。ウォレス氏が私の言いたかったことを十分に代弁してくれたので」という前置きをしたあとで、次のようにブリー博士に「最後の一撃」を加えています。

　　ブリー博士の最近の研究を見ていないし、彼の手紙が私には理解できないので、彼が私の理論の意味を完全に間違えているのかどうかさえ推測できない。しかし、ウォレス氏の原稿を読んだか、ブリー博士の同じテーマの最近出版された本を読んだ人は誰もが、彼の側に何らかの誤解があるということに驚かないだろう。

　ダーウィンの投稿に対して、ブリー博士からのさらなる反論があったのかどうかわかりませんが、natureには掲載されていません。他の反ダーウィン派からの反応も掲載されていません。ウォレスが「ダーウィニズムに対する最後の攻撃」というタイトルをつけたのは、この論争にnatureが終止符を打つという宣言だった

---

12 Nature vol.6, p.279, 8 Aug. 1872

のかもしれません。

「あなたの"粉砕記事"を
無限の満足感で読んだ」

　ところで、この一件でダーウィンとウォレスは頻繁に手紙をやりとりしており、ダーウィンがこのときの心情をウォレスに吐露していますので、紹介したいと思います。

　ウォレスの原稿がnatureに掲載された2日後の7月27日にダーウィンがウォレスに宛てた手紙です[13]。

　　親愛なるウォレスへ
　　私はnatureであなたの「粉砕記事」を無限の満足感をもって読んだばかりです。私は本自体を見ていないので、あなたの原稿が本当に嬉しかったです。私はB博士の以前の本を読んで、彼は価値のあるものを書かないと確信していたので、本を注文しませんでした。しかしそれにしても、誰かがこのような大量の不正確さとゴミの本を書くだろうとは思いもしませんでした…。

　そして、同じ手紙のなかでダーウィンはウォレスに体調不良を

13　Darwin Correspondence Project, "Letter no. 8429,"
https://www.darwinproject.ac.uk/letter/DCP-LETT-8429.xml

訴えています。

　私は最近、惨めな時間を過ごしていました。眠っているか仕
　事に浸っているときをのぞいて、めったに慰めの時間があり
　ません。それ以外の時間は疲れて死んでいるように感じます。

　20代のころからのほとんどの期間、病気だったダーウィンは、
このときすでに63歳でした。ダーウィンの病気の原因は、若い
ころに訪れた南米で感染した、熱帯病のシャーガス病だという説
がありますが不明です。友人たちに宛てた手紙のなかで、たびた
び苦しい病状をうちあけています。
　それでも、ダーウィンは病気と闘いながら晩年まで研究を続け、
『種の起源』のあと、自然淘汰の理論を支持する一連の書籍を書
きます。1882年に亡くなる前年まで、人生最後の10年間に7冊
もの本を出版しました[14]。
　これらのなかで、最も人々の興味を呼び起こしたと推測され
るのが、自然選択説を人間の進化に適用した1871年の『The
Descent of Man and Selection in Relation to Sex』（人間の由来と
性淘汰）です。人間は下等な種に由来しているが、初期の動物か

14　題名をあげると、人間の進化に自然選択説を適用し、人間心理や倫理、人種間の違い、性
別間の違い、進化論の社会への関連性などを論じた『人間の進化と性淘汰』（別の邦題：人間の
由来）（1871）、人の感情的特性の動物起源をさぐった『人及び動物の表情について』（1872）、
厳しい環境下での生存を可能にした適応例としての『食虫植物』（1875）、植物の交配と自家受
精についてまとめた『植物界の交雑と自家受精』（1876）、同じ種の花がより多くの種を作るた
めにおしべの長さの違う花を持つことを証明した『同じ種の植物の花のさまざまな形』（1877）、
植物の光屈性や重力に対する運動などをまとめた『植物の運動力』（1880）、ミミズによる土壌
の形成を論じた『ミミズの働きによる肥沃土の形成および習性の観察』（1881）です。

ら社会や精神的能力が進化し、野蛮から脱して文明を作り出したのだと主張しました。

説教を禁止された
ダーウィニアン聖職者

　この本は出版されるとすぐに学術雑誌だけでなく一般紙にもレビューが掲載されました。natureにもP. H. PYE-SMITHという医師によって2回にわたり詳細なレビューが掲載されています。

　自然哲学者の世界では新たに大きな波紋を呼ぶことはなかったようです。しかし、一般の人々に向けた報道の多くは懐疑的か敵対的で、タイムズ紙のレビューもそのいずれかだったようです。それに対して抗議する記事が1971年4月20日のnatureに掲載されています[15]。

　「英国民は、非常に心地よく安心できるタイムズ紙のレビューアーに対して深く感謝します。『人間の由来と性淘汰』を書いたダーウィンのことを、まったく支持されていない仮説、根拠のない推定、厄介な調査を公開する無謀で非科学的な作家と呼んでいます」という強い非難の書き出しでタイムズ紙のレビューを批評したのは、ダーウィンの熱烈な支持者トーマス・ステビング（Thomas Roscoe Rede Stebbing：1835-1926）でした。

　ステビングは甲殻類の分類で有名な動物学者であると同時に、

15　Nature vol.3, p.488-489, 20 Apr. 1871

なんと聖職者でした[16]。1871年の『ダーウィニズムのエッセイ』を皮切りにダーウィニズムに反対する議論を批評してダーウィンの理論を支持したために、教会から説教することを禁止され、生涯を通じて教区も提供されませんでした[17]。

ダーウィン、nature 読者に呼びかける

さて、冒頭でダーウィンの論文はnatureには載っていないと書きましたが、断片的な原稿は、読者投稿欄への投稿を含めて、ダーウィンによる投稿が30編ほど掲載されています。

話題としては、冬に咲く花の囲いにはガラスではなくネットを使ったほうがいいとか、ダーウィンが考えてのちに否定されたパンゲン説（pangenesis[18]）のこと、動物の本能や知覚、フジツボの生殖のこと、フマリアの花の色と受粉との関係など、内容は多岐にわたっています。

多くの記事に共通しているのは、「自然選択によって本能が親から子に受け継がれることを示す事例」を動植物の現象から見つけ、それについて議論していることです。

16　皮肉にも彼に1859年に神権を定めたのは、ダーウィン反対派のドン、あのサミュエル・ウィルバーフォースでした。

17　https://www.kcl.ac.uk/library/archivespec/special-collections/individualcollections/stebbing.aspx

18　個体が後天的に身につけた形質を次世代に伝えるためのしくみとして、「動植物の各器官の細胞にあるジェミュール（gemmule）という粒が情報を貯め、血管や道管をとおして生殖細胞に集まり、それが子孫に伝えられる」とダーウィンが考えました。

たとえばダーウィンが「ここ20年来、毎年気になっていた」として、1874年の春にnatureの読者投稿欄に投稿[19]したことがあります。

　それは、何百というプリムローズの花が茎から切り落とされて地面に落ちているという現象です。「プリムローズの花の切り落としは鳥が蜜を得るためにやったのだろう」とダーウィンは推測します。

　そこで、彼は読者投稿欄を使って、イギリス内外のnatureの読者に向けて「プリムローズが他の地域でも同じ被害を受けているかどうか」を尋ねました。

　　悪事がケント（筆者注：ダーウィンの住所）のこの地域に限られているならば、それはこのプリムローズで彩られた土地で起こる、新しい習慣や本能の例として好奇心をそそる新たな事例になるだろう。

と、いかにも彼らしくコミカルに読者に呼びかけたのです。

　すると、すぐに多くの観察報告がnatureに寄せられ、その情報を総合したダーウィンは、プリムローズの「斬首現象」が広い地域で見られ、犯人は野鳥のウソ（bullfinch）であることを確信します。

　そして「個々の個体の短い生涯の間に、それぞれの鳥が蜜の正確な場所を発見し、適切な場所で花を巧みに嚙むことを広範囲の

19　Nature vol.9, p.482, 23 Apr. 1874

地域で学ぶことなど不可能なので、プリムローズを噛み切るウソの行動は遺伝的、あるいは本能的と解釈するべきだ」と結論づけました[20]。

それから2年たった1876年の春。ダーウィンからのほほえましい投稿が再びnatureに掲載されます。

今度はワイルドチェリー[21]の花が大量に地面に落ちているのを見つけたと、ダーウィンがnatureに報告しているのです[22]。

> どんな鳥が働いているのかを見つけるために、私はこっそり近づいてきました。すると、それはリスだったのです。リスは木の低いところにいて、歯の間に花が咲いていたので、それについて疑う余地はありませんでした。

「歯の間に花が咲いて」いるのを見つけた瞬間の、ダーウィンの気持ちの高揚が伝わってきます。進化論を唱え、教会から糾弾された自然哲学者は、自然を愛する心優しい人物でした。

---

20 Nature vol.10, p.24-25, 14 May 1874
21 ここでは野生の桜一般を指しているのか、セイヨウミザクラを指しているのか判然としませんが、後者は生食のサクランボの属する品種です。
22 Nature vol.14, p.28, 11 May 1876

Ⅲ ヴィクトリア朝時代の華麗な科学者ティンダル

　もうひとり、natureにわりと多く登場し、ヴィクトリア朝時代を代表する科学者を紹介しましょう。ジョン・ティンダルです。

　ジョン・ティンダル（John Tyndall：1820-1893）はアイルランド出身の物理学者で、英国王立研究所の教授でした。今でいえば科学コミュニケーターといえるかもしれませんが、専門家と非専門家をつなぐ役割を担った人物としても有名で、一般大衆の前で華麗な実験のデモンストレーションを披露し、人気の科学啓蒙書をたくさん書きました。

　また、ハクスリーやスペンサーと同じように、Ⅹクラブのメンバーでもありました。

　ティンダルといえば「ティンダル現象（チンダル現象）」で名前を思い出す読者もいるでしょう。水の中や空気中などに粒子が存在している場合、光を通すとその通路が見えます。光のなかでほこりがキラキラ見えたり、雲間から太陽光線が射し込んで見えたりする、あの現象を発見した人です。

　それ以外にもティンダルの興味はとても広く、ドイツ留学時には反磁性の研究で成果をあげましたし、空気が温室効果を持つことを計測したり[23]、空や湖の色がなぜ青色や青緑色なのかを説明したり、自然発生説を否定するために粒子状物質を含まない空気

23　空気中の二酸化炭素が温室効果を持つことを1856年に発見して実験で示したのは、Eunice Footeというアメリカ人女性でした。地球温暖化の可能性を示す卓越した研究でしたが、アメリカ科学振興協会（AAAS）の年次総会でその論文を発表する機会は与えられませんでした。

を再現する独自の実験装置を作ったり、アルプスのヴァイスホルン山に登頂して（登山家としても名を馳せました）氷河運動について研究したりするなど、さまざまな自然現象から問題を見つけては、巧みな実験をして人々を納得させるという研究スタイルでした。

　彼がこのような生き方をした理由として、科学で有給の仕事を得ることが非常に困難な時代だったということがあります。研究だけでなく講演やデモンストレーション、執筆をする必要にせまられていたのです。しかし、彼はそこで才能をみごとに開花させました。

沈んだ太陽の上空に広がる光景

　ティンダルが科学研究の対象とする現象の多くは、一般の人々と共有できる場所にありました。nature の読者投稿欄にティンダルは次のような投稿をしています[24]。

　　イングランドでときどき観察される大気の様子は、昨日、素晴らしく美しかった。西に沈んだ太陽の光は尾根によって遮られていたが、上層の大気はまだその光で満たされていた。大気中には乳白色の靄がかなりあった。もしもそれが一様に

24　Nature vol.6, p.260, 1 Aug. 1872

太陽光に照らされたなら、均一な色合いを示していただろう。しかし、小さな雲がひとつ空に浮かんでおり、背後には霞をとおして描かれた影の束があった。影の密度はそれを生み出した雲の密度によって異なり、同じ影の横断面で均一ではなかった。

このようにしてできた段階的な色合いの平行線は、遠近法によって、まるで太陽がそこに昇るのと同じように東の一点に収束した。収束した光は著しく美しかった。（後略）

　ウィリアム・ターナーの風景画を思い浮かべさせるような表現ではないでしょうか。自然の美しさ、不思議さに感嘆しつつ、その背後にある真理を見つけようとするティンダルの態度がよく表れています。

　彼の人柄は、次のようなエピソードでもわかります。1872年、ティンダルはアメリカの文芸と科学の著名人25名の養成署名を受けて、ボストンやフィラデルフィアなどアメリカ7都市を講演してまわりました。ティンダルは巡業を終えるにあたって、受け取った聴講料から渡航滞在経費を除いた1万3千ドルあまりを「合衆国の学生たちがヨーロッパなどで学ぶことを支援し、合衆国の科学を振興するための基金を設立する」として信託投資し、実際に1885年にハーバード大学、コロンビア大学、ペンシルベニア大学の奨学基金となりました[25]。

25　永田英治「同時代の伝記に描かれたジョン・チンダルの科学する人への成長過程」『宮城教育大学紀要49』宮城教育大学、2015年1月

nature が伝えた華麗な
デモンストレーション

　nature も彼のデモンストレーションが話題を呼んでいることを伝えています。1870年1月27日号の巻頭記事は「DUST AND DISEASE」（ほこりと病気）というタイトルで、ティンダルが前の週の金曜（1月21日）の夜に、王立研究所で行なったデモンストレーションの様子を解説しています。

　これは、金曜の夜に王立研究所で年20回開催されている「金曜講話」（Friday Evening Discourse）の一場面です。金曜講話は先端科学を一般聴衆にわかりやすく紹介することを目的として、1826年にマイケル・ファラデー（Michael Faraday：1791-1867）が創設して以来、200年近くになる現在も続く、イギリス伝統の講演会です。

　金曜講話は専門家だけでなく、王室関係者や医師、弁護士などの知識人に対してその時々の一流の研究者が先端科学の成果を実験中心に魅力的に講演することで知られています。

　記事によれば、この日の講話には「ふだんとは違う興奮」がありました。それはティンダルが美しいデモンストレーションをしたからというだけでなく、「観客の一部が抱く、病気の特定の理論と結びつけようとした」からだというのです。

　その夜、ティンダルの実験装置に空気を通してみると、それまで透明に見えていた空気に浮遊物質が浮かび上がって見えました。そして「お互いが着ている衣服の断片をどのように吸い込んでい

るか」「どのようにお互いの手や顔の皮がはがれているか」「窓から運ばれたものに加え、観客によって王立研究所に浮遊物がいかに持ち込まれていたか」までが手に取るように見えたと表現しています。

なぜこのデモンストレーションが「病気の特定の理論」に結びつけられるものだったのでしょうか。

当時ロンドンではコレラが流行しており、その原因が「臭い空気」だというミアズマ（＝毒気）説が広く信じられていました。とくに、テムズ川に流れ込んだ下水から立ち上る臭気で、1858年の夏は大臭気（Great Stink）の年として記録されていて、川沿いにあった議会も、たびたび会議が中断されました。あるときはディズレーリ大蔵大臣やグラハム卿などがハンカチを鼻に押し当てて、あわてふためいて臭気が充満した委員会から逃げ出したとタイムズ紙が報じたほどです[26]。

ティンダルはミアズマ説こそ信じていなかったものの、「コレラやマラリアなどの流行病は、空気中に浮遊し、宿主の体内に入り、そこで発達して障害を引き起こす病原菌によるもの[27]」と考えました。

そして実際に空気中にいろいろな浮遊物があることを聴衆に見せようと、デモンストレーションを行なったのです。

デモンストレーションでは、空気中の浮遊物を浮かび上がらせるだけでなく、それを燃焼すると炎を出して燃え上がることを確

---

26 村岡健次『近代イギリスの社会と文化』ミネルヴァ書房
27 Nature vol.1, p.339-342, 27 Jan. 1870

認し、スペクトル分析から、浮遊物が有機物でできていることを
示しました。

自作の装置で
「自然発生説」を否定

　ティンダルはパスツールと親交が深く、当時まだ一部の人々の
間で信じられていた「生物の自然発生説」を否定する実験にも自
身の実験装置を応用しました。ただし、個別の感染症事情には必
ずしも明るくなかったようです。

　たとえばコレラに関しては、これより20年も前に医師たちは
住民に聞き取りをすることで、不潔な水が媒介していることに気
づいていました。そして1849年には医師のスノー（John Snow：
1813-1858）が下水管のすぐそばから引いている井戸水の使用を
中止させたところ、コレラの発生率がすぐに下がりました。つま
り、コレラは空気感染ではなく経口感染であることがわかってい
たのです[28]。

　そういう誤りはありましたが（結核やはしかのように空気感染
する伝染病はありますし）、漠然と「臭いのする空気」を病気の
原因と考えていた人々に、空気中を舞う有機物の塵を、目に見え
る形で示したことによって微生物を想像することに一役買った意

28　マラリアは空気感染ではなく、病気を媒介する蚊に刺されることが原因ですが、それがわ
かったのは19世紀後半ですので、ティンダルの間違いは仕方のないことでした。

義は大きかっただろうと推測します。

　ティンダルは自然の美しさや不思議さ、自然からの恵みに感謝しました。それと同時に、厳格な実験によって正しい知識を得て、その知識や科学的アプローチが社会改革にも役立つのだということを、実験を披露して楽しませながら人々に納得させたのです。

第4章

なぜ国が科学に お金を出すのか

並外れていた
「科学改革」への熱意

　nature創刊のころ、ロッキャーたちがさかんに議論したテーマのひとつが「国による科学支援」の問題です。それは、natureをとおして、1870年代のイギリスで科学が職業として成立していった過程を見ることでもあります。

　これまで紹介したように、ヴィクトリア朝時代の科学は動植物を収集して分類する博物学的なものから、進化論を代表とする当時の先端科学まで幅広く、学術的なものでした。"神秘のベールを纏った自然界の真実を探究する"という営みだったのです。

　しかし一方で、ロッキャーたちはイギリスの科学がドイツやフランスに比べてすでに後れをとっていることに焦燥感を募らせました。そして、科学をとりまくイギリスのシステム改革を訴えます。主張は「大学に基礎科学を含めた研究ポストを充実させること」と「政府による科学研究の助成」です。

　ロッキャーの科学改革に対する熱意は並外れており、創刊から9年の間に「政府の科学支援」として索引に掲載された論文の数だけでも30編近くあり、しかもその多くが最も読者の目につく巻頭記事として書かれた論説でした。

学習する貴族は
富の貴族の3倍

　19世紀後半のイギリスの科学は、自然哲学から専門化された科学へと脱皮していく変化のなかにありました。どのような変化かというと、科学の内容の多様化・高度化とともに、その担い手の人数も大幅に増加していました。

　1869年のnatureによれば[1]、物理学と数学関係だけで6つの学会が存在し、天文学会に528人、化学学会に518人、気象学会に306人、地質学会に1,204人、統計学会に371人、数学学会に111人の会員がそれぞれ所属していました。

　また、とくに生物学分野は好まれており、植物関係だけで植物生理学会、リンネ協会、植物学、園芸、農業などを合わせて12,000人。動物関係では動物学、昆虫学、民俗学、人類学を合わせて4,300人あまり。そして地理学が2,000人あまり。芸術、商業、土木、建築などで5,000人あまり。

　イギリスには約120の学会があり、ロンドンと地方のすべてで科学に関連づけられた人の数は60,000人、そのうちの4分の1は2つ以上の学会に所属するので、その数を差し引くと、「実質的には45,000人もの科学者がいることになる」と報じています。

　これは「人口全体の1万人に15人の割合という興味深い結果」[2]

1　Nature vol.1, p.99-100, 25 Nov. 1869
2　ちなみに2016年の統計で、日本の研究者（企業含む）は84万7千人であり、「1万人に67人」の割合です。

であり、「(科学を) 学習する貴族は富の貴族の3倍」とまで述べています。従来の科学の担い手は貴族階級のみでしたから、このころになると中産階級へと大きく広がっていたことがこの数字だけでもわかります。

加えて、科学研究が精緻になるにつれて実験器具や観測器具などに費用のかかる設備が必要となり、専業で科学に取り組むことが難しくなっていきました。職業としての科学が成立するかどうかという境にあったのです。

そこでロッキャーたちは、国の産業競争力を表看板に、職業としての科学の確立と、科学への公的支援を表裏一体のものとして要求しました。

150年たった現在、科学技術への助成は世界各国で国民生活の向上と産業振興のために必要不可欠であると認識され、科学技術政策が実行されています。それどころか、科学を基盤とした新しい産業育成の重要性が増すにつれて、多くの国で科学振興はますます熱を帯びており、新興国を中心に国家予算に占める割合が増加し、優秀な科学技術人材の国際的な獲得競争も激しくなっています。

あとの章で見るように、日本では150年前に産業技術とその基礎である科学を西欧諸国から一気に輸入した際、それを政府が主導することはあまりにも自明でした。

それでも国が科学技術のどの分野を、どれくらい支援したらいいのかという判断は現在でも難しく、今もさかんに議論されるテーマです。

1870年代のnatureはイギリスで、そのコンセンサスが生まれ

ていく過程を私たちに見せてくれます。現代の問題を考えるうえでも興味深いですので、この章で当時の議論を紹介したいと思います。

「われわれは世界第一位の地位を失い、失速している」

19世紀後半のイギリスの科学技術力の失速を象徴したのが、1867年にフランスのパリで開かれた万国博覧会でした。万国博覧会は「技術の進歩による世界の協調的な平和」を理念としていましたが、実際には各国の産業技術力の競争の場となっていました。優れた展示に与えられるメダルの数で、その優劣が明白になったからです。

イギリスは1851年に世界で初めて開催したロンドン博覧会のときには、ほとんどすべての工業製品で賞を獲得したのに、1867年のパリ万国博覧会ではわずか12の賞しか獲得できませんでした。

当時のイギリスの指導層に大きな影響を与えていた言論誌の『エジンバラ・レビュー』はこの状況を「われわれは第一位の地位を失い、急速に後退している。このことはもはや推論の問題ではない」と評しています[3]。その要因として、イギリス政府がド

---

3 阪上孝「研究者の組織化と科学のイデオロギー」『人文学報』第84号、京都大学人文科学研究所、2001年3月

イツ政府やフランス政府と違って、科学振興を行なっていないことが本質的な問題であると訴えました。

ロッキャーも「国家の進歩が科学にかかっているということは一般的に認められているが、イングランドは他国と同じくらい科学に注意を払っているだろうか。研究の衰退によって国家の進歩が大きな危険にさらされていることは明らかで、すでに歴史的問題となっている[4]。国として、私たちはさらに高い文明のために努力できるかどうか、そしてそれはどのように達成されるのか[5]」とイギリス政府を厳しく批判し、科学への公的助成の必要性を繰り返し訴えるキャンペーンを、nature上で展開したのです。

「趣味の研究に公的資金を支出することは道徳に反する」

今の感覚では、大学の科学研究に政府が公的助成をすることになんの躊躇があるのかと感じる読者も多いことでしょう。しかし、当時の伝統をふまえた常識はそうではなかったし、反対を唱える議論のなかに、今でもなるほどと思える論点があることも確かです。

まずは伝統的な立場の意見から見てみましょう。

1870年のnatureの読者欄に、アルフレッド・ラッセル・ウォレス（1823-1913）の投稿が掲載されます[6]。

---

4 Nature vol.8, p.157-158, 26 Jun. 1873
5 Nature vol.1, p.279-280, 13 Jan. 1870
6 Nature vol.1, p.288-289, 13 Jan. 1870

ウォレスは、本書にたびたび登場していますが、生物地理学の創始者であり、自然選択説をダーウィンと同時に発見したとして知られ、ダーウィンとも親交の深かった著名な科学者です。

彼は中流家庭の出身でしたが、子ども時代の生活は裕福ではなく、14歳から家計を助けるために働きながら、町の図書館などに通って独学で知識を得ました。大人になってからも彼の責任の埒外で代理人が投資に失敗するなど、金銭的な不運に何度も見舞われました。

しかし、謙虚で高潔、正義感が強く、自分の評判などは気にもとめずに（自然選択説をダーウィンとは別に、同時に発見したのに、その栄誉を主張しませんでした）、型にはまらないアイデアを貫く人物で、生涯を通して社会の不平等に目を向け、言論活動を活発に行ないました。一方で、心霊主義や骨相学に傾倒する一面も持ち合わせました。彼のそのような面が科学界から不興を買ったのか、ダーウィンの助力にもかかわらず、生涯にわたって彼の輝かしい科学の業績に見あう、恒久的な給与を得られる地位を確保することはできませんでした。

そのウォレスは次のように述べています。

　　国家は、すべての国民の課税によって得られた資金を、すべ
　ての国民の利益のために直接利用できないものに適用する道
　義的権利はありません。

（中略）

そこを訪れた人すべてがすぐに触発され、導かれ、楽しめるような博物館には、公共資金を支出する価値があります。し

かし、希少性のある巨大なコレクションを得るという目的に多くの時間をかけ、それらが一般人にはあまり興味のないもので、それを喜ぶのが一部の階層であるようなものは、明らかに公金支出にはなじまないと考えます。

（中略）

おそらく、読者は、こうした主張をする自然主義者がいることに驚くでしょう。しかし、私は自然を愛していますが、正義をもっと愛しています。私の国の大衆には興味のない機関の支援に貢献することを、誰にも強いていいはずはありません。

と、道徳的見地から、国民に直接効用のない科学の分野に公的資金を出すことに反対しました。

科学は「気高くやってきた」

つづいてウォレスは、それまでの科学は国家の援助なしに立派にやってきたではないか、と次のように述べます。

科学者たちがより完全な実験室や望遠鏡を望むならば、科学に関心を持つ科学者団体や裕福な学生が、欲しいものを供給する必要があるのではないでしょうか？

彼らはこれまでとても気高くやってきました。われわれは、科学の発見のペースが少し遅いことを、より良いと感じるべ

きだと思います。科学が高尚な独立から一歩下がり、すでに過剰に課された納税者に貧困の形で訴えるよりも、です。

もともと科学を資金面で支えてきたのは貴族であり、国家の援助がないなかで、ドルトンやディビー、ファラデーのような人たちが優れた成果を残したことを踏まえています。

さらに「これまでとても気高くやってきた」に含まれる意味には、科学研究が真理に到達するまでに苦難を乗り越えなくてはならず、そのなかで個人的な美徳を育てることに寄与しているという価値も含まれます。そのような学問が、国家から独立していることこそが重要だとウォレスは考えていました。

ウォレスは、国民への税負担を回避することと、学問の独立性を維持し尊厳を守ることができるのなら、科学技術の進歩のスピードが多少遅くなることを受け入れてもいいのではないかと訴えたのです。

「科学は政府から 独立しているべきだ」

加えて、ウォレスが政府の公的支援に反対したもうひとつの大きな理由は、自由主義の思想です。ウォレスは、政府が関与することによる事業の非効率性を危惧し、民間の競争に委ねる効用を次のように述べます。

経験によれば、民間競争は、より多くの物質供給と科学技術の製品へのより大きな需要を保証します。したがって、政府の後援よりも真実かつ健全な進歩への大きな刺激となります。

ほぼ同じ時期にE.G.A.を名乗る人物もnatureに、「科学者は本質的に自由主義的であり、利益と損失を計算することに本質的に反対です」と投稿しています[7]。

自由主義の思想は、1868年末からイギリス首相となっていた自由党のウィリアム・グラッドストン（William Ewart Gladstone：1809–1898）も強く支持していた考えでした。

「科学的労力の結果は納税者が支払う以上の利益をもたらす」

このようなウォレスたちの意見に対して、nature誌上に編集長のロッキャー自らが登場し、猛烈に抗議します[8]。

私たちはウォレス氏に最大の敬意を払っており、彼が見解を述べる機会を意識的に与えています。私たちは彼らの意見に完全に反対しています。そして、それが大衆の承認のみを獲得するために計算された、狭い精神と言わねばならないこと

7　Nature vol.1, p.385-386, 10 Feb. 1870
8　Nature vol.1, p.279-280, 13 Jan. 1870

を残念に思います。

　と前置きしたうえで、「ウォレス氏は、科学振興がその追究に直接関わった人々の欲求にすぎない」と主張しているとし、これに反対の意見を述べます。

　　科学的労力の結果は、優れた衣服や住居、変化に富んだ食料、より良い薬や医療、衛生の改善、より簡単な移動といったものとして、すべての人にアクセス可能です。
　　そう考えると、明らかに他人の負担で利益を得るにもかかわらず、すべての階層に課税する不公平はどこにあるのでしょうか？

　　　　　　　　　　　　（中略）
　　科学的労力の結果得られる納税者への利益は、彼らが支払う価格をはるかに上回っていることに疑う余地はありません。

　科学を支援することは産業振興や福祉の向上につながるため、結局すべての納税者に十分メリットがあるという考えです。また、そういう事業には国家が集中して取り組む必要があると書いています。

　　軍隊、艦隊、鉄道、電信、商業、文学、あらゆる形態の企業、よく吟味された私邸でさえも、すべて集中化の例です。

　このようにロッキャーは、国家が指揮をとって科学技術を進展

させる必要があることを訴えます。

　また、この文脈では基礎科学よりその応用である技術の必要性を強調して、科学への支援を訴えている点も注目されます。

基礎科学にこそ
国の支援が必要

　では、技術的応用には直接結びつかない基礎科学を国は支援するべきかどうか。ロッキャーは、これに関しても国の支援が必要という主張でした。その理由は、一見何の役にも立たないと思える研究が、思いがけない方向に光を投げかけ、予想外の応用に導くことがないとは言い切れないためです。

　一方で、ロッキャーたちは学問の独立を尊重することの重要性にも注意を向けています。そして、学問がどう進展するかを見通すことの難しさを認め、次のように述べています[9]。

　科学が何なのかを経験しているか、それを知っている人たちが、前世紀の人類がその労苦から恩恵を得た無数の利点に誇りを持ち、彼らの追究の尊厳を誠実に守らなければならないと思うことは不自然ではありません。一方で、現時点では、物理学の分野は、他の分野の科学知識が理解する程度と同じではありません。実用への求めが誤った議論に変わる可能性

9 Nature vol.8, p.377-378, 11 Sep. 1873

があることを警告します。

　科学者が真理を追究することを尊重し、すぐに何の役にも立ちそうにない物理学のような分野をも、国が支援する必要性を述べています。むしろ、産業上の有用性が明らかな分野は自然にお金が集まるだろうから、国はそれよりも基礎科学こそ助成するべきだと強調します。

　　大衆化されておらず、まだその結果が商業価値に転換されていないような衰弱した分野こそ、寄付が最も必要とされています。

　　　　　　（中略）
　　政府の科学支援の必要性が公に認められたとき、より高度で最も有用な研究は十分なケアを得られることが確実ですが、助けの必要性が最も緊急であるのは、むしろ後退し、最も利益の少ない研究です。

　　　　　　（中略）
　　大学は、公衆の要求の影響を受けてその伝統が改変されるにつれて、上記の制限の下で科学研究を行なう義務を受け入れてしまうであろうことが、容易に想像できます。

　このように、ロッキャーは国力と富の源泉である産業振興を掲げつつも、国は大学の独立性を守りながら基礎科学にこそ重点的に助成するべきだと主張したのです。

科学者の自発的エネルギーを
引き出す支援とは

　ちなみに少し細かい話ですが、さらに In Sicco という署名の人物は、政府が科学のために直接科学者にお金を支払う場合、どのような支払い方をするのが科学者の自発的エネルギーに最も有益に働くことになるだろうか？ と考えを進めています[10]。

　ひとつは、科学者が研究を前進させたときの成果によって支払う方法。そしてもうひとつが、決まった給料を定期的に支払う方法です。

　「少し誇張があるかもしれない」としながらも、前者の「成果に応じた報酬の方式」では、仕事の価値を的確に測定できないという単純な理由から「必然的に妄想の大洪水を招く」といいます。嘘とナンセンスで成果を誇大に表現することになり、しかも他人がそのことに気づくのは難しいというのです。

　しかし一方で、給与方式にすると「彼らは未来主義者となり」「決して完成することのない本のタイトルページを書き」「賞賛に値する批評家になる」が、生産活動はしないだろうと述べます。

　さらに、

　　成功した人たちは、大学の年配のフェローに言われたように、
　　彼らの能力によって報酬を受け取るのではなく、ポストを埋

10 Nature vol.1, p.431, 24 Feb. 1870

めるのにふさわしいと示したことに対する報酬を受け取るのです。

そして、固定化されたポストはやがて既得権となり、本当に仕事をしてくれる人はなかなか大学に入れなくなるだろう、と予想します（どこかで聞いたことのあるような話です）。

では、そうならないためにどうすればいいかという提案もしていて、「国から与えられた仕事と同時に、活発な私的研究が快適にできるような方法で資金が与えられるべき」だと主張しました。

国から与えられたトップダウンのテーマと、自由な発想のボトムアップの研究の両方ができるように、資金が与えられるべきだというのです。

余談ですが、今の日本政府の研究助成の大枠の考え方も、基本的に政策目的に応じて配分されるトップダウンの研究資金と、研究者個人の自由な発想から生まれる研究を支援するボトムアップの研究資金とを組み合わせた制度になっています。

ロッキャーが導いた
「デヴォンシャー公委員会」

じつはロッキャーは、natureの外でもうねりを生み出しました。当時のイギリスの科学力低下を憂いていたのは、ロッキャーだけではありません。

イギリス科学振興協会（BAAS）[11]が会員に向けて1870年に行

なったアンケート調査の結果、研究への助成が不十分ということが判明したのです。

そこでBAASが政府に働きかけて、その年にデヴォンシャー公爵を委員長として9名の委員からなる、通称デヴォンシャー公委員会[12]が設置されます。

委員会は1875年までに150人ほどの科学者・政治家から意見を聞き、8つの報告書を提出しました。

報告書は王立鉱山学校と王立化学カレッジの併合（第一報告書、1871年）、技術教育（第二報告書、1872年）、オックスフォードとケンブリッジの教育改革（第三報告書、1873年）、国立博物館の改革（第四報告書、1874年）、地方大学の改革（第五報告書、1874年）、スコットランドおよび他の大学改革（第六、第七報告書、1875年）、国家による研究助成と科学大臣の設置（第八報告書、1875年）となっています。

この第八報告書の内容がロッキャーの主張と同一であったことは偶然ではありません。

ロッキャーはデヴォンシャー公委員会の書記を務めており、聴聞会で意見を述べる参考人を選ぶ役目を果たすなどして委員会の審議を導いたのです[13]。

---

11 イギリス科学振興協会（BAAS：British Association for the Advancement of Science）は1831年に設立された科学者の団体。公衆の科学に対する関心を高め、科学の進歩に対する障害を取り除き、科学の職業化を目指した。
12 Duke of Devonshire's Commission. 正式名は「科学教育と科学振興に関する王立委員会」
13 阪上孝「研究者の組織化と科学のイデオロギー」『人文学報』第84号、京都大学人文科学研究所

「研究に没頭できる環境を」

　natureの論説でロッキャーは大学や研究所の状況も憂いています。政府からの科学への助成が十分でないために、科学を志す学生のキャリア形成が難しいことを指摘します。

　　大部分の科学者は、自分の仕事で金持ちになることを期待していない。彼らの喜びは、収入の減少に対してある程度まで政府が補償することである。しかし生きていかなければならず、生きるということは（それでは不十分で）、彼らが生まれた社会的地位や受けた教育に見合った社会的地位を維持するのに十分な収入を得ること以上である[14]。

　つまり収入だけでなく、科学者としてのキャリアが必要ということです。イギリスの大学では最初は研究者として雇われたとしても、実態は教師や工業生産者として扱われており、フランスやドイツの状況との違いは一目瞭然であると指摘します。

　　なぜフランスは研究に大規模な資金を投入し、壮大なポリテクニックスクール（理工科学校）で最も成功した学生は、国家の召使としてサイエンスを進めることが許可されるべきと

されているのか？

フランスでは、研究力の低下が国家に悪影響を及ぼす可能性があることが十分に認識されているため、財政的に研究を守ることは国家の義務とされている。教授でない者は、学生の面倒を見る必要はない。したがって、最も優れた研究者は研究に没頭している[15]。

グラッドストン首相を批判

さらにロッキャーの論説は過熱し、グラッドストン首相を辛辣に批判しました。

あらゆる原則や政策の片側、短所、または歪んだ見方をすることは、それをまったく見ないよりも悪いことがよくある。国家権力を握り、国家意志を導くことを主張する人たちはとくにそうだ。

近視眼的な操縦士を抱えることは、とくにナビゲーションが危険な場合は非常に危険である。操船士と見張りが同じように近視眼的である場合、船舶の運命はどうであろうか？

（中略）

王立協会の記念日の夕食のとき、グラッドストン首相は挨拶

---

15 Nature vol.8, p.157-158, 26 Jun. 1873

で「国家によって支援されれば科学は苦しまなければならない」と言った。国によって「妨害される」という彼自身の表明は、個人や民間団体がそれぞれ占めるべき科学活動の領域と国家が占めるべき領域の境界線を描くことが可能なことを、政府がまだ認識していない証である[16]。

　グラッドストン首相は19世紀の自由主義者であるうえに、キリスト教の精神を政治に反映させることを目指しましたし、小英国主義であり、帝国主義には消極的でした。

　一方ロッキャーは、科学的な論理性を重視して宗教的な因習を嫌い、国家の進歩のためには「軍事力をはじめ、あらゆる分野で国主導の科学技術力をつけることが重要」と考えていました。19世紀後半という時代が両者の隔たりを際立たせたとはいえ、この違いは明らかです。

科学者に 政治的結集を呼びかける

　ロッキャーはグラッドストンが解散総選挙を発表した1874年1月23日の6日後のnatureに「選挙人の義務」（THE DUTY OF ELECTORS）と題する巻頭記事を掲載し、さらに踏み込んで、科学者に政治的な結集を呼びかける発言をしています[17]。

16　Nature vol.6, p.297-298, 15 Aug. 1872

王国のすべての有権者は、今や選挙代理人に正しいアイデア
を主張することによって、科学と教育を助ける機会を得てい
ます。
　なぜ、国中に広がる多数の有力な科学学会の中に、議会選挙
に自分たちの主張を展開し、それを得るためにすべての力を
行使し、（科学振興を）尊重し、これをまもり、進展させる
ような候補者を立てる組織がないのでしょうか？

　1874年2月に行なわれた解散総選挙の結果、グラッドストン率
いる自由党は保守党に敗れ、ディズレーリ率いる保守党政権が発
足しました。

　そして、デヴォンシャー公委員会の第8報告書の勧告が受け入
れられ、1876年から1880年までの4年間、国から年4000ポンド
が王立協会をとおして研究者に配分されることになりました[18]。

　その後、紆余曲折はありますが、結局、科学と技術は国と産業
のなかにシステム化され、現在に至りました。

　この章の冒頭で、論争のはじめのころにウォレスが科学研究へ
の政府出資に反対したことを紹介しましたが、現実的には政府に
よる支援を訴えたロッキャーたちの主張の方が正しかったことを
認めないわけにはいかないでしょう。

　才能溢れる、しかし裕福でないふつうの家庭の若者が、生活の

17　Nature vol.9, p.237-238, 29 Jan. 1874
18　1850年から国から年1000ポンドの助成金が支払われていたので、増額されたことになり
ます。

ために研究を中断したり諦めたりすることがないよう支援できたのは、国家だったのです。

　実際、国家からの独立を強く望んだウォレスでさえ、1880年に経済的な苦境に陥ったときには、ダーウィンのとりはからいによって、政府からの年金を受け取ることになりました[19]。

ウォレスの伝統的科学観

　一方で、そのウォレスの言葉のなかにも真実があるような気がしてなりません。

　科学技術育成の目的が、ロッキャーの主張したように国力と富という社会的有用性と結びついたことは歴史の必然であったと思います。そして、たえず新しい技術へと自らを駆り立てる人類の営みは、今後もますます盛んになることでしょう。

　そうであるならば、注力すべき技術が目先の経済利益や利便性を追求するだけではなく、100年後、200年後も、それからもっと先も持続的な社会を支えるものでなければならないのは明らかです。

　そのときに、現在はあまり顧みられることのない伝統的な科学観を持っていた、ウォレスの次の言葉[20]を改めて心のすみに留め

19　「ダーウィンになれなかった男」『ナショナルジオグラフィック』2008年12月
20　Nature vol.1, p.315, 20 Jan. 1870

ておくことも、間違いではないように思うのです。

　私が抱く科学育成の主な結果とは、疑うことなく、それをより高い精神的、道徳的見地に育てる人たちの高揚です。二次的な、しかしあまり確かではない結果が、無数の身体的、社会的、知的な利益を人類全体にもたらすことです。

第 5 章

女子の高等教育
―― 「壁」を越えた女子医学生たち ――

150年前、
女性が科学の海に船出した

　性別にかかわらず、自分のつきたい職業を選べること、そして、その職業についてから性別を理由にして差別されないことが、21世紀初頭の現在、先進国といわれる国では当たり前の社会通念となっています。

　ですから、2018年に日本の複数の大学の医学部で行なわれた入学試験で、女子に不利な選抜が長年行なわれていたことが明るみに出たとき、人々は大きなショックを受けました。

　150年前のイギリスでは、現在も解決されていないこの社会的課題について、ちょうど変化が始まりました。その経緯がnatureに断続的に取り上げられていますので、この章で見ていきたいと思います。

　すでに何度か述べていますが、当時、科学者のことをscientistと呼ぶ習慣はありませんでした。代わりにその意味で使われていた言葉がmen of scienceでした。このことだけを見ても明らかなように、科学にたずさわる人は男性と決まっていました。

　科学という大海に女性が飛び込もうとしたとき、大きな荒波が立ち塞がり、何度も押し返されました。しかし、やがて彼女たちの航路ができていったのです。

女子教育の権利が
認識された年

　「未来の歴史家は、1869年を女子の教育の権利が初めて明確に認識された年と呼ぶだろう」

　nature は1870年6月16日号の巻頭記事でこのように宣言しています[1]。nature が創刊されたのは、ちょうどイギリスで女性の権利が意識され、社会改革が展開されていった時期と重なっています。

　nature はとくに女子の医学を含む科学の高等教育に焦点をあてて、その動きを力強くあと押ししていきます。彼らが女性運動をどのように取り上げているかを述べる前に、ざっとこの時代の状況を知る必要があるでしょう。

　1869年、政治哲学者のジョン・スチュアート・ミルは著書『The Subjection of Women』（女性の解放）を発表しました。

　当時のイギリスでは他国での状況と同じように女性に参政権がありませんでした。またイギリスでは女性には資産の保有が認められず、結婚時の持参金もすべて夫のものになるという法律でした（したがって一度結婚したら事実上、離婚は不可能でした）。

　このような女性の法的な隷従がいかに不合理な理由によるのか、また女性の権利が認められないことが、女性だけでなく社会全体にいかに不正をもたらしているかをミルは指摘しました。そして、

1　Nature vol.2, p.117, 16 Jun. 1870

むしろ女性の職業選択の自由を認め、女性の精神的能力が活性化することで、社会の水準が向上することを主張したのです。

　ではなぜ、このような女性運動がこの時代にクローズアップされたのでしょうか。

固定化された家庭像

　女性の権利に関する議論がさかんになったのには以下のような時代特有の事情がありました。

　19世紀半ばの国勢調査の結果、未婚の女性の数が男性を大幅に上回っていることが明らかになったのです。原因のひとつは、男性の多くが軍役や植民地経営のために海外に出ていってしまっていたから、といわれています。

　工業化の結果として社会構造が急速に変化し、新しく中産階級が勃興しました。かつては貴族階級だけだった「働かない妻」という憧れの存在が、中産階級にとって富の象徴として目指すべき姿になりました。妻が働かないことが、夫に十分な収入がある証となったからです。

　その結果、女性には良い妻・良い母・女主人として家庭を取り仕切る能力が求められ、その逆に未婚の女性を憐れむ風潮すらありました。

　そして、むしろ一定の階層より上の女性は、女主人として家庭を切り盛りするために、有給の雇用に従事するべきではない、と

いう価値観が定着しました（ボランティアやチャリティーなどの社会貢献活動は推奨されました）。そのためヴィクトリア朝時代の中産階級の理想の家族のあり方が、「外で働かずに家庭にいる妻」と「外で働き経済的に家庭を支える夫」となり、娘の両親も、そのような安定した経済状態の男性との結婚を望みました。

　そんなわけで、男性は中産階級としての生活を維持できる資力を持つまで結婚しない傾向があったのです。しかも、ナポレオン戦争とその後の銀行破綻などの混乱もあり、多くの中産階級が経済的苦境に陥っていました。

　次の数字には、結婚したくてもできない女性、最初から結婚しようと思わない女性の両方が含まれていたはずですが、1861年の20歳以上の独身女性の数は295万6千人であり、同世代の女性の27％を占めたといいます[2]。

唯一の例外、
ガヴァネス（家庭教師）

　しかしながら、中産階級の女性は結婚しないとなると、実家が裕福でない限り、大変厳しい状況に置かれました。階級意識がとりわけ強い当時のイギリスです。小さなころから中産階級の子女として相応の教育をされて育てられた彼女たちは、労働者階級の

2　橋本昭一「ケンブリッジにおける女性の高等教育の展開とA.マーシャル」『関西大学経済論集』第36巻（2-4）、1986年11月

女性と一緒に店や工場で働くということは一般的ではありませんでした。

そうなると、自活しようにも女性がつける職業はごく限られていました。ほとんどの知的労働が男性に独占されていたからです。

そんな彼女たちにとって、唯一例外だったのが住み込みの家庭教師でした。彼女たちは「ガヴァネス」と呼ばれ、中産階級のなかでも、自分の実家より裕福な家庭に住み込み、その子どもたちの基礎的な読み書き教育や、娘たちの女子教育にあたりました。

1851年の国勢調査によれば、2万5,000人の女性がガヴァネスの職にあたっていたといいます[3]。ガヴァネスを雇う側にしてみれば、子どもの教育担当を雇うことがステータスシンボルにもなりました。

ガヴァネスたちの憂鬱

しかしガヴァネスは年収30ポンド程度の低収入でした。物品の実勢価格で考えてみますと、庶民の一食（肉料理とスープ、ビールの安いセット）が3ペンス（1ペンスは100分の1ポンド）程度で買える時代です。仮にそのセットが今は1,000～1,500円ぐらいの価値だとすると、30ポンドはこの1,000倍ですから、年収100万～150万円ぐらいということになります。

---

3 https://www.bl.uk/romantics-and-victorians/articles/the-figure-of-the-governess

加えてガヴァネスの仕事は日々、雇い主と召使いたちの間にはさまれる、気苦労の多いものでした。雇い主の家がごく最近になって経済的に豊かになったとすれば、ガヴァネスのほうがむしろ良家の出身ということもあったでしょう。しかし、彼女が雇い主と同じテーブルで夕食をとるよう招待されることはめったになく、使用人たちからも異質な存在として疎まれ、孤立した緊張状態のなかにあったようです。

　しかも、一軒の雇用主がガヴァネスを必要とするのは、その家の子どもが一定の年齢に成長するまでの数年間です。つまり、ガヴァネスは数年ごとに新しい雇い主を探さなければいけなかったのです。給与が低いので、病気や退職に備えて貯蓄することも難しかったかもしれません。

　このような状況のガヴァネスをヒロインにしたフィクション作品がいくつか書かれました。なかでも最も有名なのが1847年に、女流作家シャーロット・ブロンテ（Charlotte Brontë：1816-1855）が発表し、後に映画化もされた長編小説『ジェーン・エア』です。ちなみに小説家も男性の職業とされており、ブロンテもこの小説を出版するにあたり、カラー・ベルという男性名のペンネームを使う必要がありました。

　主人公の孤児ジェーンは、ガヴァネスとして雇われ、物語は紆余曲折しますが、最終的にはその雇い主であるロチェスター氏と結ばれます。ジェーンはあらゆる点で社会の不条理に反抗する人物として描かれており、当時の社会で大反響を巻きおこしました。

　中産階級の未婚女性たちに対して、社会としてどのように対処するべきかが当時の課題でした。この状況を変えるには、女性の

知的専門教育と専門職への就業拡大が必要だと、一部の知識人たちは気づきはじめていました。

学位ではなく技能証明書が与えられた「女性のための一般試験」

イギリスで初めて、女性を学生として迎え入れたのはロンドン大学です。1868年6月、ロンドン大学は17歳以上の女子学生が「女性のための一般試験」（General Examination for women）を受けるために、大学に入学することを認めたのです。

一般試験は、ラテン語、英語、英語史、地理学、数学、自然哲学と、外国語（ギリシャ語、フランス語、ドイツ語、イタリア語のうちの2つ）、加えて化学か植物学のどちらかのなかから、少なくとも6つの論文を提出することが求められました。

試験問題は「384524.01の平方根を求めよ」とか「北米の主要河川の名前を挙げよ」というようなものから、エリザベス女王の性格に関するエッセイなど多岐にわたっていました[4]。

女子学生たちが本当に必要としたのは、男性と同様の学位ですが、女子学生が一般試験によって学位の代わりに得られるのは「技能証明書」でした。

1869年5月に第一回の「女性のための一般試験」が9名の女子学生（候補者と呼ばれる）に対して行なわれ、6名がとくに優秀な成績を意味する「名誉」を授与されました。このときの試験に臨んだ女子学生たちは"ロンドン・ナイン"と呼ばれました。

翌年には受験者が17名に増え、9名が合格し、そのうち5名が「名誉」を授与されました[5]。以降、女性を男性と分ける必要がなくなる1878年までの約10年間に、ロンドン大学だけで250人以上の女性が「一般試験」を受験し、139人が合格、53人が名誉を授与されました。

　女性に対する試験を始めたのはロンドン大学だけでなく、1869年の11月にはダブリン大学も女性のために年2回の試験を決めたことをnatureが報じています[6]。

エジンバラ婦人教育協会

　さて、nature創刊第2号の1869年11月11日の記事では、エジンバラ、ロンドン、グラスゴー、マンチェスター、ブラッドフォードで女性のための講義コースが始まることを報じています[7]。

　これは1867年に創立されたエジンバラ婦人教育協会（Edinburgh Ladies' Educational Association：ELEA）がエジンバラ大学の有力な男性教授たちの協力を受けて実現した取り組みでした。

　このELEAという協会は、のちに全英の高等女性教育の普及に大きな役割を果たしていく団体です。設立したのはメアリー・ク

4　https://london.ac.uk/news-and-opinion/leading-women/oh-pioneers-remembering-london-nine
5　Nature vol.2, p.51, 19 May 1870
6　Nature vol.1, p.114, 25 Nov. 1869
7　Nature vol.1, p.45-46, 11 Nov. 1869

ルデリウス（Mary Crudelius：1839-1877）というスコットラン
ド人女性です。メアリーは1861年にドイツの羊毛商人のルドル
フ・クルデリウスと結婚し、1866年には一人で女性教育運動を
始めたようです。最初の女性参政権嘆願書に署名するなど、女性
参政権運動にも興味がありましたが、自身の利益と切り離すべき
だ、というまわりからの忠告を受け入れて、女性の高等教育問題
に専念しました[8]。

　メアリーは「自分は男性の地位を脅かすのが目的ではなく、女
性の教養を向上させることが目的である」ことを強調しました。
彼女の活動は社会的な慈善事業として受け入れられたのでしょう、
しだいに男性の支援者が増えていき、メアリー自身は1877年に
38歳の若さで亡くなりますが、ELEAは全英の高等女性教育普及
に大きな役割を果たします。

　natureで報じられているように、ELEA設立の2年目にはエジ
ンバラ、ロンドン、グラスゴー、マンチェスター、ブラッドフォー
ドで彼女たちが設置した女性向けの学校に、男性教授らを迎え大
学レベルの講義を提供しました。

　このとき最初の講義で教壇に上がった人物として、デービット・
マッソン（David Masson：1822-1907）の名前が記されています。
マッソンはエジンバラ大学の修辞学教授で、とくにイギリス君主
からの任命で就任する欽定教授（リージアス）として選ばれた人
物でしたので[9]、女性の高等教育をめぐるメアリーたちの活動に

8　http://womenofscotland.org.uk/women/mary-crudelius
9　https://archiveshub.jisc.ac.uk/search/archives/38857cbf-853e-3b50-a8d0-82e6c2f623d1

とって強力な後ろ盾となりました。

女子医学生が
エジンバラ大学を提訴

　ところで同じ1869年、エジンバラではこの動きとはまったく独立して、ソフィア・ジェックス・ブレーク（Sophia Jex-Blake：1840-1912）という女子医学生たちが、エジンバラ大学から授業への参加を拒否されたことに対して大学を相手に訴訟を起こし、勝訴するという事件が起きました。

　ソフィアはイギリスにおける女性医師の誕生のために闘い、のちに女医として活動することが認められた最初のひとりです。1840年にイギリス南東部の州、イースト・サセックス州で生まれ、まだ19歳の学生のときに、大学で数学の家庭教師のポストを得ています[10]。エジンバラ大学で医学の道に進むことを志しますが、女性であるがゆえに大学の授業から締め出され、苦難の道が始まります。

　この年（1869）、ソフィアたちが勝訴したおかげで、エジンバラ大学は女性が授業を受けることをイギリスで初めて認めた大学になります。しかし、それは積極的な決定ではなく、のちには彼女たちにもっと大きな壁が立ちはだかりました。

---

10 https://www.ed.ac.uk/equality-diversity/celebrating-diversity/inspiring-women/women-in-history/sophia-jex-blake

男性の支持を得ながらソフトに運動を展開したELEAのような団体と、訴訟というハードな手段を展開したソフィアたち女子医学生の運動が同時に進み、この時代の高等教育をめぐる女性運動を形づくりました。natureはこの動きを報じながら、しかし一方では次のように述べています。

　　私たちの同胞の一部に対するこの突然の、広範囲に及ぶ要求の原因は何だろうか？　この需要は見かけでなく本当の需要だろうか？　高い水準の女性教育に向けての、本当の第一歩になるのか、それとも単に目新しさで起きた、すぐに消えてしまう類のものだろうか？

　natureは、基本的には女子の高等教育を支持する立場をとりながらも、執筆者が当惑している様子が伝わってきます。それだけ女性に高等教育を求める運動は一気に広がったのでしょう。

当時のイギリスの医師制度

　とりわけ、女子の高等教育のなかでも医学教育が受けられるようになるまでには、このあと最も厳しい経緯をたどることになります。物理学や化学や生物学といった純粋学問に比べて、医師という特権的な資格と実業を伴う職業に対して、女性が進出することへの反発がとくに強かったのです。

当時のイギリスで医師になるには、医師免許取得のための統一的な国家試験はありませんでした。国から認定された大学や資格付与団体が、それぞれに定めた教育カリキュラムを履修したあとに、その大学や資格付与団体が行なう資格付与試験に合格することで、正規の医師として国家登録簿に登録されるしくみでした。つまり、大学は医師免許の主導権を握っていたのです。

　背景には、それまでのあまりに自由すぎる医療政策の失敗がありました。イギリスの医師制度は伝統的に自由主義と国家不干渉を基本にしており、毒物の流通やコレラの流行など社会のなかで無資格医や偽医師が混在していたことがさまざまな不都合となって現れていました。

　この状況を改革するために、1858年に医師法（Medical Act）が成立し、政府の中央医師審議会に、大学や資格付与団体による教育と資格付与試験の監督権限が与えられました[11]。そして、この医師法では医師の資格は男性のみに限定されていました。

　さらに、この医師法成立に加えて、細菌学や麻酔技術、進化論の成立といった生物学の著しい発展が重なり、専門職としての医師の権威が増大していった時期でした[12]。つまり、医学における大学の権限が非常に大きい時代だったのです。

11　加藤文子「イギリス産業革命と19世紀医療衛生政策：ナイチンゲールの業績への社会政策的評価」『実践女子大学人間社会学部紀要6』p.177-197、2010年4月
12　村岡健次『近代イギリスの社会と文化』ミネルヴァ書房、p.282

排他的な医学界

nature にはこのような医学界の特殊性について、極めてわかりやすい次のような記述があります[13]。

私たちは非常に繊細な主題に触れなければなりません。

私たちは医学や外科における女性の指導について意見を申し上げます。医学と他のすべての科学部門との間には、重要な違いがあります。化学、地質学、または植物学を教えることは誰にとっても有効ですし、教師としての成功は、その能力にかかっています。

一方、医学と外科の教師と実務家（医師）は、ギルドを形成します。政府によって保護され、認可されている専門家の労働組合です。排他的であることは、ギルドと独占の特徴です。そして、女性がその階級に入ることに抵抗するため、ほぼ男性のみの医療専門職が団結しており（いくつかの名誉な例外を除いて）、非常に排他的であるのは明らかであると言えましょう。自衛の本能は強いものです。

このように、nature は医学界の閉鎖性をかなり強い調子で批判しています。

---

13 Nature vol.2, p.117-118, 16 Jun. 1870

「政府によって保護され、認可されている専門家の集合としての医師は、ギルドであり、その特徴は排他的で、自衛の本能のおもむくままに行動しているにすぎない」と断じているのです。

　実際に起きた出来事を以下に見ていきますが、この表現が決して誇張でないことがわかります。

エジンバラ・セブン

　まず、先ほど1869年にエジンバラ大学でソフィア・ジェックス・ブレークが裁判に勝って講義の受講を許されたと書きましたが、それは男性とは別のクラスであり、しかもすべての授業ではありませんでした。

　1870年1月の読者投稿欄にはA NON-MEDICAL WOMANという女性の署名で、次のような投稿が掲載されています[14]。

> 　私はスコットランドの解剖学教授が、女性がある程度の騎士道をもって扱われることを忘れていないと知って、大きな喜びを感じている。
> 　アバディーンのストラザーズ教授、セントアンドリュースのベル教授は、5人の女性が解剖学を研究する機会から除外されているのを知り、インストラクターとしてサービスを提供

14　Nature vol.1, p.337, 27 Jan. 1870

している。

　解剖学の授業から除外された5名の女子学生のなかには、先ほどのソフィア・ジェックス・ブレークも含まれます。ソフィアは、自ら女子医学生としてエジンバラ大学に籍を置き、医師になるための勉強と女性運動を同時に展開しました。

　彼女たちはソフィアを筆頭に最終的には7名となり、のちに「エジンバラ・セブン」と呼ばれるようになります。

　この記事からも、医学教育に女性が参加することに大きな反発があったことが想像できます。しかし同時に、そのような状況のなかで彼女たちに補講を行なったストラザーズ教授（John Struthers：1823-1899）とベル教授（James Bell Pettigrew：1834-1908）のように、女子教育を支援する男性教授も存在したのです。

エディス・ピーチーの奨学金事件

　それから3ヶ月後のnatureのNOTES欄では、エジンバラ大学の奨学金試験で優秀な成績をおさめたにもかかわらず、女性であるがゆえに奨学金を得ることができなかったエディス・ピーチー（Edith Pechey：1845-1908）の一件が世間を騒がせていることを詳しく報じています[15]。エディス・ピーチーもエジンバラ・セブンの一人です。

ホープ奨学金の1つをエディス・ピーチー氏に授与すること
を拒んでいる化学教授のせいで、女子医学生支援者の間に大
きな反発があることをエジンバラから聞いている。エジンバ
ラ大学で医学を勉強しているエディス・ピーチー嬢は、得点
によって、ジュニア奨学金を受ける資格がある。

エジンバラ大学には、40年前から「ホープ奨学金」という制
度がありました。これはかつてエジンバラ大学の化学教授であっ
たトーマス・ホープ（1766-1844）[16]に由来するものです。ホー
プは生前、周囲が反対するなかで非公式に女性のために化学の授
業を開講しました。彼がこのクラスで得た料金は1,000ポンドに
達しており、彼の没後にホープ奨学金が創設されました。

奨学金はジュニア部門2名、シニア部門2名の計4名で構成さ
れており、筆記試験で最高点を獲得した上位4名が、この奨学金
の対象者になるというルールでした。

この年に受験した234名の男子学生と6名の女子学生のうち、
ピーチーは第3位でした。彼女よりも上位の2名は一学年上の学
生だったため、ピーチーはその年の学生の中で実質的にトップの
成績をおさめたのです。

奨学生を選抜する責任者だったのは、化学科教授のクラム・ブ
ラウンでした。彼は、当初は女子学生を支援できることを喜んで
いましたが、結局、ピーチーには銅メダルだけを授与することを

---

15 Nature vol.1, p.587, 7 Apr. 1870
16 トーマス・ホープは、水が4℃で最大密度になることや元素ストロンチウムの存在を示し
ました。エジンバラ大学では医学と化学の教授を務めました。

提案し、ジュニア・ホープ奨学金を彼女には授与しないという決定を下してしまったのです。

　ジュニア・ホープ奨学金には実験室への6ヶ月間の無料参加の権利も含んでいましたので、ピーチーは金銭的な支援を受けられなかっただけでなく、彼女への教育の機会も奪われたことになります。

　このとき、エジンバラ大学が女性に医学教育の門戸を閉ざすという一連の決定をした背後には、エジンバラ・セブンの女性運動に、かねてから強く抗議していたサー・ロバート・クリスティソン（Sir Robert Christison：1797–1882）の存在があったといわれています。

　「女性の知性の低さと身体的なスタミナ不足が、医学全体の水準を下げる」というのが彼の持論でした[17]。クリスティソンは医学部でのブラウンの同僚であり、エジンバラ王立医科大学学長も務めた人物であり、影響力は絶大でした。クリスティソンの経歴は輝かしく、研究業績としては毒物学に科学的根拠を与え、20代前半でエジンバラ大学教授に任命されます。1829年から1866年までスコットランドの医学顧問となり、法医学者としてスコットランドのほぼすべての殺人事件で、医学的証人を務めました。1848年にはスコットランド女王の侍医に任命され、1871年には男爵になっています[18]。ちなみに男爵になったのはピーチー事件の翌年でした。

17　https://www.ed.ac.uk/medicine-vet-medicine/about/history/women/sophia-jex-blake-and-the-edinburgh-seven

結局、奨学金はピーチーより低い点数の男子学生に与えられました。natureはこの顛末を事件の翌月に報じていますが、ブラウンの判断に関しては、次のように述べるにとどめています。

　　この問題は弁護士の前に置かれるべきであり、そうすればこの問題について法的意見が得られると私たちは考えます。

　以上のように、エジンバラ大学はイギリスで初めて女性に入学を許可した大学であったのに、その後の歩みはとても遅いものでした。

ソフィア・ジェックス・ブレークの優秀さを讃える

　ちなみに、natureは同じ記事の中で、ソフィア・ジェックス・ブレークが化学の試験で優秀な成績をおさめたことを次のように報じています。

　　私たちはまた、ソフィア・ジェックス・ブレーク嬢の名前が化学の第一級の名誉リストに載ったことを聞いています。

---

18 https://archiveshub.jisc.ac.uk/search/archives/a033e386-0b54-368f-a9ca-6cd2c2233cfb?terms=Robert%20Christison

ソフィアの優秀さがうかがえる記述です。ソフィアといいピーチーといい、エジンバラ・セブンたちは、女子学生が男子学生と対等に競争できることを自ら証明してみせたのです。

　ただ、ソフィアは女子医学教育運動の中心人物であるはずなのに、意外なことに、彼女についてnatureが直接言及した記事は後にも先にもこれだけです。

　natureはソフィアたちの女子医学教育の権利を認め、それを後押ししつつも、反対派と真正面から衝突することは避けたのではないかと思われます。既得権を握っているのは男性であり、読者の大多数を占める男性を説得し、支持者を集めないことにはこの問題が前進しません。

　むしろ、ソフトな戦略によって男性支援者を増やして事態打開をはかっていくELEA（エジンバラ婦人教育協会）の主張と協調していました。

「家庭を守る女性にこそ
医学知識が必要」という論法

　女性が医学教育を受けるメリットについて、「女子の科学教育」と題した1870年のNatureの巻頭記事[19] では、以下のように述べています。

19　Nature vol.2, p.117-118, 16 Jun. 1870

常に言われているように、「女性の範囲」が家にあるならば、彼女の家の支配下で彼女を導くべき法則の知識を身につける機会を与えることよりも、大切なことがあるでしょうか？世帯の管理を主導するすべての女性は、そのような知識によって利益を得ることができます。

健康に対する知識を得ていれば、どれだけの病気と悲しみが避けられるでしょうか！ 化学の知識が、さまざまな食品の健全性または不健康さに、どれほど洞察を与えるでしょうか！

子どもたちと一緒に田舎を散歩するとき、知識があればさらに熱意が増します。または海辺で過ごす1ヶ月に、もし母親が、小さな子どもたちに知的に自然の法則を守ること、自然を尊敬するように教えることができたら！

何よりも、これまで苦しみ、無駄だったことは、私たちが守ってきた娘の身体的な生理機能への無知に対して私たちが支払った代償です！ 現時点では、これらはあまりに考慮されていません。私たちは今、新時代が到来したことを確信しています。

　このように、当時の価値観のとおり「女性は家庭にいるものである」という前提に立ったうえで、「家庭を守るためには医学知識が重要なのだから、女性に医学教育を受けさせるべきである」という主張を展開したのです。

男子学生が
女子の解剖学試験を妨害

　しかし、natureの執筆者が想像したように、あるいは想像した以上に、医学界の抵抗はすさまじいものでした。

　1870年11月のエジンバラ大学で、解剖学の試験を受けにきたエジンバラ・セブンの前に、キャンパスの建物前で彼女らが入っていくのを阻止しようと数百人の男子学生が立ちはだかる騒ぎが起きました。

　彼女たちは泥や汚物などを投げつけられ、もみくちゃにされながら支援者が作った道を通ってやっと建物に入りました。しかし試験中も暴動者たちは、なんと羊をホールに押し込んで、さらなる混乱を引き起こしました。エジンバラの新聞がこの暴動を取り上げ、あまりにひどい男子学生たちの仕打ちに、逆に女子学生に対する国民の支持が広まりました[20]。

世論に逆行する大学の決定

　ところが驚くべきことに、エジンバラ大学は一般世論とは真逆

20　https://www.ed.ac.uk/medicine-vet-medicine/about/history/women/sophia-jex-blake-and-the-edinburgh-seven

の方向に進みます。大学上層部は、女子学生が男子学生と同じ教室で授業を受けられるようにすべきかどうかを決める投票を行ないました。

natureによれば、これはエジンバラ大学の生理学教授のアレクサンダー・ウッド（Alexander Wood：1817-1884）の申し立てによるものだったということです[21]。ウッドは皮下注射を使って薬物を投与する技術を発明したことで医学史に名前を刻んでいます。ウッド自身が賛否どちらの意見だったのかはわからないのですが、彼は貧困者の状況を改善するための協会の委員長を務めるなど、個人的に強い公共心を持っていたとされますので[22]、投票を行なうことで女子教育に立ちはだかる壁を崩したかったのかもしれません。

しかし投票の結果は、女子教育支持派がわずかな差で敗れ、女子学生が男子学生と同じ医学教育が受けられない状況はさらに継続することになりました。

1871年11月のnatureはこのエジンバラ大学の決定について、はっきりと以下のように述べています[23]。

　　われわれは大学が、将来的にすべての友にもっと大きな満足を与えるコースを追求することを望む。

「すべての友にもっと大きな満足を」という表現で女性が男性

21　Nature vol.5, p.13, 2 Nov. 1871
22　https://www.rcpe.ac.uk/heritage/college-history/alexander-wood
23　Nature vol.5, p.57-58, 23 Nov. 1871

と同じ教室で学べるようにするべきであると主張したのです。

貴族も女子教育問題に
取り組む

　ところで、この記事の後半は、女子教育の問題に取り組んでいたある貴族の動きを報じています。その貴族とはジョージ・リトルトン（George Lyttelton：1817-1876）で、イギリスで中世から続く貴族であるリトルトン・ファミリーの第4代当主バロン・リトルトンです。

　リトルトン卿は1869年に成立した寄付学校法のもとで、公教育の改善に尽力しました。

　　私たちは先週、全クラスの女性教育を改善するための国民連合の会議を主宰する際に、リトルトン卿が表明した、包括的な見解に勇気づけられている。リトルトン卿は寄付学校委員会委員長として「男子学生だけの利益のために、国からの巨額の教育寄付金を使用することは不正にあたる」という意見をとくに重視することを表明した。

　権威のあるリトルトン卿の動きを報じることによって、「男子学生だけの利益のために、国からの巨額の教育寄付金を使用することは社会的な不正である」という新たな視点を提示しました。

　さらに1872年には、女子教育改善のために設立されたばか

りの組織である、女子教育向上連合（The National Union for improving Education of Women）の第1回年次総会を、リトルトン卿自らが主宰する場で開催したことをnatureが報じています[24]。そしてそこでは、以下のような2つの決議がまとめられました。

1. 女子のための良質な学校の供給が不十分であることを認識し、学校設立と高等教育を支援するべきである。
2. 人間の能力と知性は男女に公平に与えられており、両方の性で同等のものである。

このように、社会のなかで女性の高等教育を求める動きがさまざまな場所で進展していきました。にもかかわらず、エジンバラ大学はなかなか前進しません。

ソフィア、スイスで 医学博士号取得

1872年にはエジンバラ大学内の最高学術機関である、大学のSenate（上院）が、「女性の医学教育に関する規制は撤廃すべきである」という勧告を出しました。このような勧告がされたということは、逆に無視できない割合の主要教授陣が、女子に医学教育の門戸を開くべきだと考えていたのだと思います。しかし、大

24 Nature vol.7, p.89, 5 Dec. 1872

学裁判所はこの勧告を棄却しました。

　そしてついにソフィアたちの希望もむなしく、1873年にスコットランドの最高裁判所は「女性に学位を授与することを拒否するエジンバラ大学の権利」を支持しました。そのためソフィアたちがエジンバラ大学を卒業することは絶望的となりました。

　ソフィアが裁判に勝って、エジンバラ大学で学びはじめてから、4年が経過していました。

　結局、ソフィアはスイスに渡り、ベルンで医学教育を終え、1877年にベルン大学で医学博士号を取得します。

　前後して、ソフィアたちはエジンバラ大学を相手取って再び訴訟を起こしますが敗訴しました。ただ、裁判では負けたものの、このころになると女子医学教育の是非をめぐる大論争がイギリス中で巻き起こっていました。

ついに全英科学者の注目集まる

　1874年9月17日の「女性の教育」と題したnatureの記事は、とりわけ力のこもった内容になっています[25]。

　この年、全英の科学者団体であるイギリス科学振興協会（BAAS）の会合がベルファーストで開催され、グレイ夫人（Maria Geogina Grey：1816-1906）によって女子高等教育の充実の必要

25　Nature vol.10, p.395-396, 17 Sep. 1874

性が訴えられたことが大きな話題になりました。

マリア・ジョージナ・グレイはイギリス海軍のウィリアム・ヘンリー・シレフ提督の三女で、フランスで教育を受け、結婚後も女性の教育に関する言論活動や小説の執筆を行ない、妹のエミリー・アン・シレフとともに著名だった人物です。前述のリトルトン卿が支援した女子教育向上連合の創設者でもあります。

BAASは当時のイギリスの科学コミュニティとしては最も活発で、規模も大きい団体です。したがって、そこで女子高等教育がテーマになったということは、それだけこの問題が科学者コミュニティで注目を集めていたということです。

natureは次のような書き出しで紹介しています。

　　最近ベルファーストで開催された英国協会の会合で議論されたテーマのうち、経済部の教育科学に関する論文の中でグレイ夫人によって紹介された報告よりも、実質的に重要なものはなかった。

natureは、グレイ夫人の問題提起が活発な議論を引き起こしたことを受けて、彼女の主張を報告しています。

当時、医学教育だけでなく高等教育として、女性に男性と同じ内容を学ばせるべきなのか、あるいはそうではなく、女性が担うべき教育の範囲が存在するのかという議論が続いていました。この記事はその議論にひとつの答えを提供しています。

人々の心を打った
グレイ夫人の主張

女性の高等教育をテーマにした多くのナンセンスが語られ、書かれている。なかには、あまりにも教義的で実用的でない発言もある。一方で多くの労力と真剣な考えを与えてくれる人の、よく考えられ、思いやりのある反応を読むと安心する。

（中略）

大学の学位は、自分の職業について学ぶ男性のために、教育の特定の標準で認められた印である。非常に多くの女性が生計手段として男性と同じように教育に依存している。

近年、知識を習得する多くの追加の機会が与えられているにもかかわらず、彼女たちは現在のところ、男性と同等の学位を得るための資格テストを受けられない。これが事実である限り、本当に有能なガヴァネスまたは女性教師は、常に彼女の無能な同僚からの不平等な競争の対象となるだろう。そして男性と女性、両方の次世代が犠牲となるだろう。

（中略）

グレイ夫人は、少なくとも心のなかの3つの訓練を目的としない教育は、教育の名に値しないと言う。1つは、間違ったことから正しいことを見極める推論能力、2つめは、それが見つかったときに正解に従う感情、3つめは、すべての長所の完全な理想を想像するための想像力である。

男性であろうと女性であろうと、教育の方針を決定する際に、

私たちの原則が正しいことに一度満足したら、私たちは躊躇せずにそれらに従ってみよう。私たちが導かれるべき結論が、経験の試練に耐えることをきっと確信するはずだ。

（中略）

社会学的、形而上学的、または生理学的であるかどうかにかかわらず、その主題に関する先入観のすべての理論を自分自身で捨てて、女性が教育を担うべき範囲について教義をつくる前に、女性の能力に自由な範囲を与えてほしい。

　教育とは「間違ったことから正しいことを見極める推論能力」「それが見つかったときに正解に従う感情」「すべての長所の完全な理想を想像するための想像力」の訓練がなければ、その名に値しない、というグレイ夫人の主張は心に刺さります。

　男性であろうと女性であろうと、この原則に従うことができる人が本当の意味で教育された人物なのだと主張したのです。

　教育されていることを自認している男性たちに向かって、この原則に従って「女性が教育を担うべき範囲」を先入観の枠ではめずに、女性たちが自由に選択できるようにしようと訴えたことは、有効な論法だったでしょう。

　女子高等教育の正当性について、「家庭こそ女性の範囲だからそれに合った知識が必要」というかつての論から、ここまで主張が変化したことがわかります。

　さらに、natureはこの時代の科学者コミュニティに向けたメッセージにふさわしく、ダーウィニズムの考え方を引き、次のように述べてこの記事を終えています。

自然選択は、女性の心が優れている職業を指し示すだろう。そして最も適応するものの生き残りは、女性が男性とうまく競争できる職業を決定する。

彼女たちが雇用されるかもしれない、あらゆる分野の新たな拡大を、われわれは喜ぶべきである。

ソフィアがロンドンで女性のための医学校を設立

このように女性の高等教育をとりまく世論が変化を遂げるなかで、当の女子医学生の状況はどうだったでしょうか。

エジンバラ大学での学位取得を断念し、スイスのベルンで医学博士号を取ったソフィアは、その後ロンドンに移り、医学研究と女性高等教育運動の両方を続けます。そして1874年12月にロンドン女子医学校（London School of Medicine for Women）の設立者のひとりになりました。

natureはこの医学校のことを「女性の医療専門職のための、医学を実践するのに適した教育が受けられる医学校である」と次のように紹介しています[26]。

本学校は現在完全に機能しており、女性が医学を実践するの

に適した教育を受けることができる。この学校によって、医療専門職のために女性が準備をやめる必要はない。

医学、化学、植物学、比較解剖学などの研究に関連する科学の分野はたくさんある。それらは医学教育の一環として講義が行なわれる。これらの科目は、生計を立てる手段として男性に対して行なわれているものと同じである。

どの科目のどの知識についても、男性と同様に女性によって達成可能である。女性が科学的評判を得て、これらの研究に従事したり他の人に知識を伝えたりすることによって公平な能力を獲得してならない理由はないのである。

ソフィアたちの努力によって、ついに医師になりたい女性のための理想的な医学校が設立されたのです。

医師法の性別制限が撤廃される

それから3年後の1877年、イギリス議会は1858年に制定された医師法を再定義し、性別を理由とした資格の付与の制限を撤廃しました。そして医師法に基づくすべての団体に資格を付与する権限を拡大することを決めました。つまり、女性にも医学の学位および医師免許を認めるということです。

これは、アイルランドのクイーンズ大学とダブリンの王立外科大学によってすぐに受け入れられ、ロンドン大学も2年前の決定

を覆して続きました。ちなみに、エジンバラ大学を含むスコットランドの大学がこれを受け入れたのは15年後の1892年でした[27]。

それでもさらなる障壁が…

これでやっと女子医学教育に対する障害がすべて取り除かれたかに見えます。ところが、なんともはや、まだ別の壁があったのです。

女子学生が臨床指導（インターン）を受けることに反対して、病院が門戸を閉ざしていたのです。

臨床研修を経なければ医師になることはできません。従来、多くの病院は医学校と接続しており、その医学校が男子学生のためのものだったので、女子を受け入れる発想がどこにもなかったのです。

これに対してロンドンの女子医学生たちに救世主が現れます。それはもともと医学校を併設していないロイヤルフリー病院（Royal Free Hospital）でした。ロイヤルフリー病院は、ロイヤルの名前をつけることが王室によって許され、1828年に設立された、貧しい人々を救うための無料の病院です。

1877年3月のnatureによると[28]、ロイヤルフリー病院の理事会

---

27 そのため、ソフィアに医師の資格を授与したのはダブリン外科大学でした。
28 Nature vol.15, p.460, 22 Mar. 1877

は全会一致で、ロンドン女子医学校の女子学生に病院を有料で解放することを決めました。

そして、1877年6月にはロンドン女子医学校を支援するための公開シンポジウムが開催されました[29]。女子学生を送り込むにあたって、ロイヤルフリー病院との取り決めを実行するのに必要な5,000ポンドのうち、まだ足りていない2,400ポンドを調達するのが主な目的でした。

以上のような約10年におよぶ激しい紆余曲折を経て、ついにイギリスで女性医師が養成されるしくみができました。

そしてイギリスではもう二度と、旧世界に戻ることはありませんでした。

29　Nature vol.16, p.172, 28 Jun. 1877

第6章

チャレンジャー号の世界一周探検航海

足元の遠い世界

　大英帝国が頂点を極めたヴィクトリア朝時代。自然哲学者たちは世界を旅してまわり、その土地の動植物を収集し、地図を描き、地質を研究しました。

　ビーグル号に乗って南米大陸沖のガラパゴス諸島に行き、のちに自然選択を着想したダーウィンや、本書にたびたび登場するアルフレッド・ラッセル・ウォレス、トーマス・ヘンリー・ハクスリーなど、多くの自然哲学者が世界中からたくさん動植物の標本を持ち帰りました。

　しかし、大洋を越えてどんなに移動しても、なかなか手の届かない場所がありました。それは、彼らが乗っている船のはるか下、海の底です。蒼い海は膨大な水で覆われており、どれくらい深いのか、そこにどんな生き物が住んでいるのかはほとんど想像の世界でした。

近代海洋学の胎動

　海のことを探求する学問である海洋学（Oceanography：オーシャノグラフィー）が19世紀に確立しますが、その先駆けとして貢献したのはイギリスの博物学者たちです。

ジェームス・クラーク・ロス（James Clark Ross：1800-1862）は、1839年から1843年までの南極探検の途中の航海で、海の深さを測る（測深）ために、船から重りをつけたロープを下ろしました（7,000メートルもの長さのロープを用意したにもかかわらず、ロープが海の底に到達することはありませんでした）[1]。

そして、ロスは深くて冷たい南極の海から、かつて北極海で見つかっていた生物と同種の生物を発見しました。

同じころ、エドワード・フォーブス（Edward Forbes：1815-1854）は、海の中の垂直方向の生物分布を明らかにしようと取り組みました。彼は植物性の生物、つまり藻類は太陽光が届く深さまでしか存在しないけれども、動物は深くまで分布することを発見しました。

こうして、かつては「高圧であるため生物が生きられない〈死の世界〉」と信じられていた深い海に、生物がいると認識されるようになりました。

深海には
「生きた化石」がいるのか

しかしどうやら生物の種類は深度が増すごとに減っていくようです。フォーブスは自身の観察から、生物の限界深度が300ファ

1　南極海の太平洋側の部分に名づけられている「ロス海」は、このジェームス・クラーク・ロスにちなんでいます。

ゾム（約550メートル）にあり、それより深い海には生物はいないと提唱しました。

ところが19世紀も半ばになると、電信ケーブルを海底に敷く業者の作業船が、水深2,000メートルの深海からの測深索に生物が絡みついていたり、何年か海底にあったケーブルを引き上げる際に生物が固着していることを目撃するようになります。いったい、どこまでの深さに、どれくらい、どんな生物がいるのか。そういう興味がいよいよ高まりました。

加えて、ダーウィンの進化論に関係する興味もありました。

ダーウィンによれば、生物進化の速度は環境変化の速度に大きく依存します。環境変化のスピードが速いほど生物進化のスピードも速く、その逆は遅いのです。

ところで、陸上には昼と夜があり、季節や気象の変化があります。それに比べて、「海は水に満たされ、深くなるほど光も射さず、環境の変化に乏しい世界ではないだろうか。だとすれば、深海には太古からあまり姿を変えずに世代を重ねた『生きた化石』がいるのではないか」という期待が生じました。

深海には地球最初の
生命がいるのか

さらに、その考えをエスカレートさせた説が現れました。「バチビウス説」です。今日地球上にいる生きとし生けるものが進化の賜物であるなら、最初の生命（1種類である必要はありません

がその線が濃厚）がいるはずです。その最初の生命は、どこから来たのでしょうか。宇宙から突然やってきたのでない限り（それとて起源が必要ですが）、最初の生命は生命ではない前駆的な物質から進化したと考えられます。

第3章で述べたように、この時代、進化論の登場とともに生命の起源への関心が高まっていました。「非生命と生命の間にいるような、生命前駆物質が深海底に粘液として現在も存在し、深海底で今日も人知れず生命が誕生している」というのが、バチビウス説です。この説は、ダーウィンの熱烈な擁護者であり、たびたび本書でも登場しているハクスリーが唱えました。

ハクスリーは1868年ごろ、かつて大西洋の海底から採取されて彼の手元にあった、アルコール保存液中の海底泥試料の沈殿物をすくいとって顕微鏡で見てみました。すると、「透明でゼラチン状の物質の断片」を発見し、「バシビウス・ヘッケリ[2]」という学名をつけて発表しました[3]。ハクスリーの発言の影響力の大きさもあり、この説は学会に波紋を起こしました。

のちに、このバチビウスが生物と無関係[4]であることを確認したのは、他ならぬチャレンジャー号に乗船中の研究者たちです。しかし、それが明らかになる前は、研究者たちの想像する深海底には神秘のアメーバがうごめいていたのです。

2　バシビウスとは「深海に生きるもの」というほどの意味。「ヘッケリ」は無生物と生物をつなぐ中間的な始原生物の存在を最初に提唱したドイツの自然哲学者、エルンスト・ヘッケルに敬意を表してつけられました。
3　西村三郎『チャレンジャー号探検』中公新書
4　海水とアルコールで化学反応が起きてできた単なる沈殿物であることを船上の実験室で証明しました。

チャレンジャー号探検航海の概要

　では深海にはどんな生物がいるのでしょうか、そして本当にバチビウスはいるのでしょうか。学術的な興味は、電信のための海底ケーブル敷設の需要の高まりや、イギリスが世界の海洋科学を牽引してきたという誇りともあいまって、イギリス政府が科学探検航海に資金を出す原動力になりました。

　1872年、チャールズ・ワイビル・トムソン（Charles Wyville Thomson：1830-1882）[5]の先導のもと、政府の完全バックアップにより、世界初の本格的な海洋調査を行なうことが決まりました。

　王立協会はイギリス海軍から、「軍艦チャレンジャー号」を借り受けることになりました。軍艦チャレンジャー号は、もともと68ポンド砲を18砲と1,234馬力のエンジンを装備した蒸気コルベット（小型の軍艦）で、全長約60メートルの、3本の帆柱のある木造船でした[6]。

　1872年、科学調査のために軍艦チャレンジャー号から16砲を取り除き、新たに動物実験室、化学実験室、写真現像のための暗室、ドレッジと測深のための歯車、温度計測装置、油圧ポンプ、水槽を設置するなどの改造をして、「海洋科学調査船チャレンジャー号」が誕生したのです。

5　チャールズ・ワイビル・トムソンは、スコットランド出身の自然哲学者・海洋動物学者で、アバディーン大学などの教授でした。
6　西村三郎『チャレンジャー号探検』中公新書

3年半で地球3周分の
調査航海

　科学調査を目的とした「チャレンジャー号探検航海」は世界初の本格的な調査航海でした。1872年12月21日にイギリスを出発し、1876年5月24日に戻るまで、3年半をかけてすべての大洋の深海を探査しました[7]。

　航海距離は地球3周分を超える約12万7,500キロ。イギリスのポーツマス港を出てから大西洋を横断・南下し、南アフリカ最南端の喜望峰を通り、南氷洋を越えて南太平洋からニュージーランド、ニューギニア、インドネシア、フィリピンを縫うように太平洋を北上。

　香港に寄港後、再び南下してパプアニューギニアに到達したあと、子午線に沿って再北上し、日本に到達して約2ヶ月滞在。北太平洋上のハワイと南太平洋上のフィジーを経由してホーン岬沖をまわって南大西洋から北上、イギリスに戻るという経路でした。

　人員については、イギリス海軍のジョージ・ナレス艦長、首席研究者のチャールズ・ワイビル・トムソン教授をはじめ、出港時には21人の将校と216人の乗組員、6人の自然哲学者が乗船しました。

　しかし、そのうち最後まで残ったのは144人でした。7名（博

7　ただし、インド洋については、喜望峰からケルゲレン島に向けて航行したのちに南下、南インド洋の一部を通過したのみです。

物学者1名を含む）が死亡し、26人は寄港地の病院に収容される
などして航海が続けられなかったそうです[8]。ナレス艦長を含め
て何人かは北極探検の任務のため寄港地で下船し、交代しました。
途中、当時ゴールドラッシュだったオーストラリアなどで船を降
りてしまう船員（作業員）もいたため、船員を補充しながらの航
海でした。航海のはじめから終わりまでを経験した人は1,250日
のうちの713日を海上で過ごした計算になります。

帆で移動し、
蒸気エンジンで探査

　この航海は移動のための航海とまったく違うものでした。調査
のために頻繁に停止して、水深や水温を測り、海底の泥や生物を
網ですくい上げ、大気や気象を観測しました。

　頻繁に止まれるように、航行時にはほとんどの区間で蒸気エン
ジンではなく帆が使われました。その代わり、ドレッジやトロー
ルのロープの引き上げに蒸気エンジンを使いました。

　航海の間、492箇所[9]で海底までの水深を計測し、海底生物や
海底泥の調査を目的としたドレッジは133回、水中を網ですく
うトローリングは151回、水温計測は263回、そして水深6,000

8　https://oceanexplorer.noaa.gov/explorations/03mountains/background/challenger/
challenger.html

9　Nature vol.14, p.93, 1 Jun. 1876 によれば観測ステーション数は362です。両者の差が海底
ケーブル敷設を目的とした測深だったのかもしれません。

フィート（約1,828メートル）からの海水サンプルが採取されました[10]。かなり綿密な調査だったことがうかがえます。

チャレンジャー号探検航海の成果

得られた成果は膨大なもので、深海生物や水深情報、海底地形、海底地質、中・深層流の方向や強さの発見、マンガン団塊の採取、島々の原住民とのやりとりなど多岐にわたります。データの解析に20年近くを要し、報告書は50巻にもなりました。

なかでも、特筆すべき成果は2つです。

ひとつは4,717種もの海洋生物を発見したこと。もうひとつは南太平洋に深い海域を発見したことです。

とくに後者の水深については、この航海で太平洋（現在のグアム島沖）にとくに深い海域が計測され、当時としては最深記録ではありませんが、8,184メートルと記録されました。

ちなみにその後もその周辺海域で世界最深の場所を探す努力が各国によって続けられます。のちに20世紀に入ると音響探査という新しい方法が取り入れられて、いずれも太平洋のフィリピン海溝やトンガ海溝などで深い場所が見つかり、その都度、世界最深の場所が更新されました。

さらに1950年から1952年には、イギリスはチャレンジャー8

---

10 Harold V. Thurman『Introductory OCEANOGRAPHY』(10th edition)

世号で「第2次チャレンジャー航海」として世界一周観測航海を再び実施し、北緯11度21分、東経142度15分において1万863メートルの水深を記録、やはりグアム島沖の海域が世界最深でほぼ間違いないことを確認しました。

その後さらに各国の調査で、最深部の数字も少しずつ更新されていますが、19世紀のチャレンジャー号航海に敬意を払って、「マリアナ海溝チャレンジャー海淵」と呼ばれています。

出港直後の
ワイビル・トムソンの手記

それでは、大航海が当時natureでどのように伝えられていたか見ていきましょう。150年前の世界一周航海のはじまりです。

1872年12月21日にポーツマス港を出発してから3ヶ月後の、3月20日。主席研究者ワイビル・トムソン教授による出港直後の手記がnatureに載っています[11]。

航海はサイクロン通過後の強い南西の風とともに始まりました。そのときの船内の様子です。

最初はよく揺れたほうがいいかもしれない。ネジの緩んでいる場所をすぐに示し、締めつける機会を与えてくれたから。

---

11 Nature vol.7, p.385-388, 20 Mar. 1873

シアネスからポーツマスに向かう途中で船を襲ったサイクロンによって、装置の収納はほぼ完全にテストされた。

チャレンジャー号は35度以上も傾くが、機材は移動せず、動物実験室でも化学実験室でも、ガラスは割れなかった。

チャレンジャー号はもともと軍艦ですから荒天に強く、傾いても転覆しないように設計されていましたが、船上の実験室もきちんと装備されていたのです。そうはいっても実際には船酔いで苦しかったでしょうに、そのような記述は一切なく、ワイビル・トムソン教授の精神的な強さもうかがえます。

地面から飛び上がるような
ドレッジの衝撃

しかし、重い船からのドレッジ（生物や海底の泥をすくい上げること）は誰もが未経験で、その作業のときの衝撃で船全体がガタガタ揺れるのには、さすがのトムソン教授も閉口しています。

ドレッジの際の衝撃はたまらなく、地面から突然飛び上がるようだ。これを回避するには、深さを大幅に超える長さのロープを使うことと、それに重みを持たせることだ。そのため1回のドレッジにかなりの時間がかかる。

全航海をとおして133回もドレッジをしたというのですから気

が遠くなります。

　ところでこの探検隊は軍人と民間人で構成されています。その船内の様子を次のように記しています。

　　ナレス艦長と部下たちは、私たちが目的を達するために最大限の注意と技能を提供してくれた。当然、彼らは私たちより荒天に慣れており、明るく私たちを励ましてくれた。

　　下のデッキの大きな病室には混乱があった。民間人は海軍の人々から受けた礼儀正しい献身に、心から感謝しなければならない。

　おそらく軍人たちが船酔いで苦しむトムソン教授たちを励まし、親切に介抱したのでしょう。

　チャレンジャー号における科学的作業の環境をワイビル・トムソンは、「申し分ないといって差し支えないもの」と表現しています。

“極端に希少で美しい生物”を
次々にすくい上げる

　さて、一行はポルトガル沖で停止して、海底の泥をすくい上げます。本格的な調査のはじまりです。はじめは「粘り気の多い大西洋の泥」でカゴがいっぱいになり、もっと大きな無脊椎動物や魚が採れないのかと焦ります。

194

しかし、2月3日ごろにリスボン（ポルトガルの首都）から南西に1,000キロメートルほど離れた、大西洋上にあるマデイラ島の近くで、穏やかな天気のもとドレッジとトロールをし、大成功をおさめます。次の文章から、トムソン教授の興奮が伝わってきます。なお、水深はファゾムという単位で表されていますが、わかりやすさのために筆者がメートルに概算した数字を記すことにします。

　私たちは2,125ファゾム（3,886メートル）で科学的に新しく、興味深い動物や、極端に希少で美しい生物を数多く引き上げた。

　すべての魚は体に含まれる空気の膨張のせいで、独特の状態にあった。極端な圧力からの解放で、とくに目は、頭から地球儀のように飛び出て、特異な外観をしていた。魚のほとんどは*Macrourus*（ソコダラ）の仲間であり、新種としてリストに加えられた。

　1,993メートルより下の水深からは、バラバラになった甲殻類が引き上げられた。それは巨大なヨコエビの仲間で、タルマワシ（筆者注：ヨコエビの一種）と関係している。

特別美しい新種の学名を
ナレス艦長に捧げる

　この時期の生物採集は、全航海のうちで最もうまくいったうちのひとつのようです。ヴィーナスの花かご（*Euplectella subarea,*

カイロウドウケツ）の新種、不思議な形をした新種のウニ、ウミユリ、フサウミサボテンなども採集しました。

　なかでもとくに、2,789 メートルから採取された、軸の長さが5〜7センチメートルのコケムシのような形をした、新種の生物は「羽のついたワイングラスのような優雅な形」の特別に美しいものでした。

　「それまで知られていた、どんなコケムシとも違う特徴を備えていたため」「科学スタッフから完全に信頼と尊敬を受けていたナレス艦長に捧げる意味で」、トムソン教授は *Naresia cyathus* という学名をつけました。

目は丸い石灰質に
置き換えられている

　nature への寄稿記事で海洋生物学者のトムソン教授は、ほかにも多くの種を採取したことを細かく報告しています。

　深海生物の特徴について、たとえば目については次のように書いています[12]。

　　多くの深海動物に目がないことは非常に注目に値する。浅い
　　海にいる甲殻類はよく発達した目を持つことを、以前、私の
　　本『The Depths of the Sea（海の深さ）』で述べた。

12　Nature vol.8, p.51, 15 May 1873

しかし水深201メートルから677メートルまでの、より深い水域では、眼柄（がんぺい）（筆者注：頭部と離れた目をもつ動物の目と頭をつなぐ組織）が存在するが、明らかに目が見えず、眼柄の終端にあたる、本来、目が位置する場所は丸い石灰質に置き換えられている。

別の水域の水深914メートルから1,280メートルの例では、眼柄は特有の性格を失い、固定され、先の尖った吻（くちさき）に結合されている。明らかに太陽光の光量の減少と最終的な消失に応じて、器官のほうも段階的な変化が見られる。

一方、同じ深さから採ったムニダ（著者注：*Munida* はチュウコシオリエビ科。見た目がエビに似ている甲殻類の一種）の目は異常に発達しており、素晴らしく繊細である。生物種によっては太陽光が減るにつれて視力がより鋭くなり、やがて微弱な燐光もとらえられるよう発達するのだろうか？

このように、水深1,000メートル前後に棲む深海生物は、種によって目が見えなくなっている場合と、逆に非常に発達している場合があることに、トムソン教授は気づいたのです。

隊員、ペンギンに噛みつかれる

一行は大西洋をアメリカ側に渡り、カリブ海のセント・トーマス島を経由して北上し、5月9日にカナダのハリファックスに到

達します。そのあと再び大西洋をアフリカ側に渡り、モロッコ沖を経由して南極海に向かって南下していきました。

　途中、海底の広い範囲に独特の赤い海底泥が堆積しているのを確認します。顕微鏡で観察し、赤い泥は浮遊性有孔虫の死骸が海底に落ちてきて変化したものだと、トムソン教授は推測しました。

　航海は順調で、あらゆる水深で多くの生物を発見しました。ほとんどすべての水深の海底に生物が生息していることは、すでに疑いようのない事実でした。

　トムソン教授のnatureへの寄稿は1873年に集中していて、大西洋の生物に関するものがほとんどです。それ以外の内容については航海が終わった1876年6月に、nature編集部が情報をつなぎ合わせた総説[13]を掲載しています。以降、本書では基本的にはこの記事をもとに記述しています。

　ナレス艦長は天然痘などが流行っている島を用心深く避けながら、可能な限り、大洋に浮かぶ絶海の孤島に上陸し、探検しつつ大西洋を南下しました。

　ほぼ赤道（北緯1度）上、南アメリカ大陸から約1,000キロ、アフリカ大陸から1,800キロも離れた絶海には、「セントポールの岩」という岩礁があることが知られていました。チャレンジャー号はその岩礁のまわりも測深し、島のまわりが急激に深くなっていることを明らかにしました。

　この島はサンペドロ・サンパウロ群島のひとつで、今の知識では、大西洋中央海嶺の山脈状の頂上が、海上に突き抜けている場

13　Nature vol.14, p.93-105, 1 Jun. 1876

所です。

　さらに南下し、アザラシの狩猟拠点になっていた南大西洋の孤島、ナイチンゲール島に上陸。緑色の果実をつけた独特な樹木で覆われていて、茂みのなかの探検は困難を極めました。島にはドイツ人が入植していましたが[14]、ペンギンが多数棲息しており、叫び声を上げて隊員に噛みついてくるというアクシデントもありました。

　一行は1873年9月28日、南アフリカ最南端の喜望峰に到着し、そこでしばらく過ごしてから12月17日に南極海に向けて出航しました。

南極海での危険な観測

　1874年1月。イギリスを出港してから二度目の新年は嵐とともに始まりました。チャレンジャー号は全行程で最も厳しい海域、南極海に向かっていくつかの島の近くを通過しながら、ときどき止まってドレッジ（海底をさらう）を行ないました。

　1月7日には南極大陸から約2,000キロメートル、オーストラリア大陸から約4,800キロメートル離れたケルゲレン島に上陸し、そこで約1ヶ月間、陸上生物や植物、浅瀬の生物を調査しました。

　2月14日からは、全航海のうちで一番南に設定された観測ス

14　現在はイギリスの海外領土になっています。

テーションで探査が行なわれました。南緯65度42分、東経79度49分の地点です。季節変動はありますが、一般的に南緯40度から60度は「吠える40度、狂う50度、絶叫する60度」と呼ばれるほど、海況の厳しいところです。

　一行は南緯65度42分の海域で停止し、水深511メートルから、かなりの数の動物を引き上げました。このときの観測の様子が次のように書かれています[15]。

　　南極圏の近くでのドレッジは厳しかっただけでなく、やや危険な作業だった。数日間、作業室の平均温度は氷点下7〜8度で、船は氷山に囲まれており、南東からの吹雪が絶えず船に向かって吹きつけた。

　華氏氷点下7〜8度は摂氏マイナス3〜4℃ぐらいですが、強風ですから体感温度はそれよりはるかに低かったでしょう。そのような環境で重労働をしなければいけないうえに、船も氷山に囲まれてしまっていたというのですから、一歩間違えば大事故を起こしていたかもしれません。

　　2月23日、風はいよいよ強風になり、サーモメーターの温度は−6℃まで下がった。雪は、精巧な星のような結晶の、乾燥した眩しい雲の中を飛んだ。雪はあたかも、熱いもののように皮膚を叩き、火傷（凍傷）を負わせるため、顔を北に

15 *Ibid.*

向ける人は誰もいなかった。

全員にとってつらく厳しい時期だった。それでも温度の観測は続けられ、水の比重はブキャナン氏によって毎日とられ、海水氷についても、いくつかの興味深い観測がなされた。

　空気中の水蒸気が凍りついてできるダイヤモンドダストのなかを、雪が強く吹きつけていたのでしょう。サーモメーターの温度がマイナス6℃と表現しているのは、海水温ではなく気温のことです。

　別の記録によれば[16]、このときじつはチャレンジャー号は危険な状況に陥っていたのです。24日の朝、強風に煽られて小さな氷山と衝突し、船首のジブ・ブーム（船首の先についている棒材で、ジブや前帆の一端を結びつける部分）が折れてしまいました。風雪はますます強くなり、まわりは氷山だらけ、もはやこれまで、と思った瞬間、大きな氷山が目の前に現れます。

　チャレンジャー号はエンジンを全開にしてその氷山の背後に回り込み、なんとか難をまぬがれました。

　しかし驚くべきことに、その2日後には測深とドレッジを行なっています。

　　船が氷に閉ざされたなかで、3,063〜3,612メートルから、砂利と小さな石を含んだ、非常に特徴的な黄色の粘土と、珪藻や放散虫がかなり混じっているものがすくい上げられた。

16　西村三郎『チャレンジャー号探検』中公新書

前者は、溶けた氷山の堆積物が由来であることに疑いがなかった。

2月26日、3月3日、7日には、3,292メートルで測深し、非常に注目に値する大型のヒトデに出会った。3月13日には、4,755メートルの深さで、海底の水温は0.2℃だった。多くの動物が採れたが、ナマコがとくに豊富だった。

　任務に忠実といえばそうですが、こうなるともう、執念すら感じます。natureによれば「南極海での海底探査も順調に行なわれた」という一言でまとめられていますが、それはもう想像以上の苦労だったでしょう。

　3月17日にはオーストラリアのメルボルンに到着し、そこで隊員たちは数週間を快適に過ごしました。

　南極海での仕事がハードだっただけに、いっそうリフレッシュした。次に訪れたシドニーでは、住民たちからこれ以上ない歓迎を受けた。オーストラリアへの訪問の記憶が、隊員にとってどれほど時間を経ても、楽しい思い出として記憶に残ることは間違いない。

海底通信ケーブルを
敷くために測深

シドニーからニュージーランドの首都ウェリントンに向かう間、

チャレンジャー号は特別な任務にあたりました。オーストラリア・ニュージーランド間の海底電信ケーブルを敷くために、重点的な測深を行なったのです。シドニーを6月8日に出発してから20日間もかけてウェリントンに到着しています。

　7月7日にウェリントンを出港すると、再び科学調査航海が始まりました。トンガ、フィジー、ニューヘブリディーズ諸島（現バヌアツ）をまわり、水深約3,000メートルから4,500メートルの海底のどこも一様に、水温が1℃であることを発見しました。

　この海域は「メラネシア海」と呼ばれていましたが、海底の水温が一様に1℃である理由は、外海との間に水深2,377メートルより深い自由通路がなく、2,377メートル以深の冷たい海水が南極海から入ってこないためだろう、と推測されました。

　また、メラネシア海の海底には動物が少ないことも明らかになりました。しかし、そうはいってもまったく見つからなかったわけではないので、閉鎖海域でも生物がいることが確認できました。

ナレス艦長、
北極探検のために呼び戻される

　船はパプアニューギニアとオーストラリアの間を通ってフィリピンに向かい、11月4日にマニラに到着しました。そこで調査隊にとって、大きな出来事がありました。ナレス艦長が、北極探検隊の指揮をとるよう命じられた電報を本国から受け取ったのです。

これは全隊員にとって大きな打撃だった。しかし、これまで遠征を成功させてくれた人物と別れるのは残念だが、北極探検隊の指揮に、彼の性格と経験が必要なことは十分に認識されていた。

と書かれているだけです。なぜ急にナレス艦長が北極探検隊の任にあたることになったのか、ワイビル・トムソン教授がそれについてどう思ったのかなどの記録は、natureにはありません。

発見した新種の深海生物の学名を捧げたほどのナレス艦長が交代する出来事には、おそらくトムソン教授も相当な衝撃を受けただろうと推測します。

ナレス艦長の後任は、中国で英国軍艦モデステ号（Modeste）の艦長を務めていたフランク・トムソン（Frank Tourle Thomson：1829-1884）でした。ワイビル・トムソン教授と偶然同じ名前です。

トムソン艦長はすでに香港に待機しており、チャレンジャー号は年明けの1875年1月6日に、新しい艦長のもと、香港を出港しました。

香港から再び赤道まで南下

翌日、1月7日号のnature[17]には、タイムズ紙が報じたチャレンジャー号の通信員からの知らせが掲載されていて、「香港から

は、マニラやその他の場所、ニューギニアに戻った後に横浜に向かう」と書かれています。

ふつうに考えれば、香港から横浜に行くなら、台湾の南を通り、黒潮に乗って日本南岸を東進すればいいはずなのに、わざわざ赤道まで南下し、フィリピンの西をとおってパプアニューギニアの北側沿岸まで行ってから北上したのです。

このような航路をとった理由は書かれていません。太平洋を南北に探査したかったのでしょうか。急に艦長を交代しなければならず香港に急行したため、当初予定していたパプアニューギニア、フィリピン海域の探査をやり直す目的で戻った、というのも理由かもしれません。

どちらにせよ、彼らが何に注目しているかをたどると、輪郭が見えてくるでしょう。

水温から海峡の深さを推測

まずは南シナ海の測深です。海底の水深と水温を計測し、約2,200メートルの底部の水温が、2.2℃であることがわかりました。太平洋の一番底を流れる底層水は、十分に深度があれば南極からの水が入ってきて0℃ぐらいです。これに対して南シナ海の底の水温が一様に2.2℃もあるということは、海底から水面下1,500

17 Nature vol.11, p.196, 7 Jan. 1875

メートルの高さまでそびえ立つ壁によって、南極海から海底をつたって流れてくる冷たい水を遮っているからだ、と推測されました。つまり、南シナ海と外海をつなぐ海峡の最大水深が約1,500メートルということです。

　チャレンジャー号は多くの海域で測深し、水温をはかるという地道な作業を積み重ねることによって、深層水の存在とその流れの方向だけでなく、海底地形を調査していたのです。

　一行はフィリピンのミンダナオ島とボホール島の間で1871年に噴火したばかりの火山を見たり、ミンダナオ島に上陸して船からあまり遠くないところでキャンプしたり、またときどきドレッジで珍しい生物の標本を手に入れたりしながら、南下していきました。そこでルートに関する以下のような記述があります。

　　石炭は不足しており、新鮮な物資が得られる日本に向かうまでのドレッジと測深に必要だった。
　　そのためトムソン艦長は、フンボルト湾（著者注：ニューギニア島西部の現ヨス・スダルソ湾）に向かうことを決心した。

　このように、香港から南シナ海を通り、一旦ニューギニアまで南下して、そこから日本に向かって再北上するという大まかなルートは決められていたものの、具体的にどの場所に上陸するかは艦長の判断に委ねられていたようです。ともかく、現在のインドネシアとフィリピンの島々に上陸しては探検をする、を繰り返しています。

敵対の島、友好の島

　2月23日、ニューギニア島西部のある湾に錨を下ろした翌朝、一行は現地の人々から、とても刺激的な出迎えを受けます。

　　夜明け直後、チャレンジャー号は約80隻のカヌーに囲まれていた。一隻は4.5～6メートルの長さで4人から6人が乗っており、そのなかには女も子どももいなかった。
　　男たちは非常に美しいメラネシア人で、素晴らしい絵のようだった。平均身長は約1メートル60センチで、鼻はやや太くて平ら、目は暗い色で友好的、口は大きく、唇は厚い。ベテルとチャイナム（著者注：それぞれ噛みタバコのように嗜好されていた常緑の葉）は歯を破壊し歯茎を深紅色に染めていた。
　　耳たぶはイヤリングのせいで非常に長い。髪は毛羽立ち、非常に厚く、巨大な丸いモップの形にまとめられ、部分的に石灰で漂白されたか、あるいは石灰と黄土色で赤く着色されていた。黒と白の羽毛と、緋色のハイビスカスの花の冠をつけている。
　　顔は黒や赤の顔料で塗られており、いくつかの装飾品を除いて、体は完全に裸だった。肌は日陰で濃い褐色、日光のもとでは濃い赤褐色に見えた。
　　彼らは強い弓と矢で完全武装しており、弓は長さ1.5～1.8

メートルあり、頭はとげでいっぱいだった。

その日の午後、トムソン艦長とトムソン教授は、隊員が島を自由に歩きまわっても安全かどうか、そこの住民の気性を確かめるために、村のある島の砂浜にボートを漕ぎ出し、「上陸したい」という意志を示しました。

すると、弓で武装した女性と少年を中心とした人々が、「非常にわかりやすい敵対的なデモ」で反発してきました。また、探検のためにチャレンジャー号から送り出された別の船は、島の住民に捕まって略奪されてしまいました。

トムソン艦長は、これ以上略奪されたり襲撃されたりする危険を避けるため、その日のうちに別の島に向かって出航することにしました。

チャレンジャー号の探検は海洋調査が主目的ですが、このように途中の島に上陸しては、そこに住民がいる場合さらにつっこんだ探究をしています。

翌週の３月３日、今度はパプアニューギニアの北東沖に浮かぶ島、アドミラルティ島の美しい湾に錨を下ろしました。彼らは前艦長に敬意を表して、この湾をナレス湾と呼びました（トムソン艦長に交代して２ヶ月もたっているのに！）。

そして、この島にはパプアメラネシア人の住民がいました。ここでは弓ではなく、長さ1.8〜2.1メートルの棒の先に黒曜石のついた槍や、黒曜石の短剣などで武装していました。こちらの原住民は、隊員の上陸にあまり抗議をせず、ほとんど何も着ていない女性たちに、隊員の視界に入らないよう注意を促す程度でした。

数日のうちにすべての隊は先住民とかなりうちとけて、お互いに行き来するようになりました。

　先住民はタバコと酒を知らず、気質的におだやかだ、と報告しています。

　このころチャレンジャー号は、航海前の計画にあったバンクーバー行きをとりやめるように、という電報を受け取っています。理由は書かれていません。とにかく航海のルートは都度、変更されています。

　3月10日、チャレンジャー号はナレス湾を出発し、はるか北東のカロリン諸島への上陸を目指しました。ところが、強風で進路をとることがままならず、はるかに西に流されて、ほぼ子午線上を北上することになります。そして4月11日に日本の海岸が視界に入るまで、二度と陸地を見ることはありませんでした。

マリアナ海溝を発見

　ニューギニア北東沖のアドミラルティ諸島を出発してから、日本に到達するまでの間の航海は、大変だったようです。それまでも彼らは一年以上ほとんどの時間を熱帯で過ごしていましたが、「非常に蒸し暑くて憂鬱な天気」でした。

　natureにはこのような一文しかありませんので、他の資料で補足すると[18]、しばしば無風に見舞われ、ひどいときは一日にやっと8キロメートルしか進めない日もありました。ドレッジや横浜

入港時の動力の必要に備えて、石炭をできるだけ節約しなければならず、完全に帆走に頼ったのです。

　それでも日本に着くまで、ほぼ等間隔に12の観測ステーションを設けて、規則正しく測深や温度計測などを行ないながら北上しました。そして、3月23日にカロリン諸島（マリアナ諸島の少し南の島々）とラドロン諸島（現マリアナ諸島）の間で、のちに世界最深ポイントとなるマリアナ海溝チャレンジャー海淵の発見につながる深い場所を見つけました。natureに次のように書かれています。

　3月23日に水深4,575ファゾム（8,367メートル）が見つかった。日本東海岸沖のタスカローラ（Tuscarora）号による、2回の観測の4,643ファゾム（8,491メートル）と4,655ファゾム（8,513メートル）という計測値を除いて、これは記録上最も信頼に値する深い水深だ。
　最初の数値をチェックするために、2度目の測深を行ない、4,475ファゾム（8,184メートル）の数値を得た。
　このとき、海底から優れたサンプルを引き上げた。これは非常に珍しい深海独特の生物で、ほぼ完全に放散虫の珪質殻でできていた。

　米国海軍が前年の1874年に、千島・カムチャッカ海溝で発見していた深み（船の名前をとってタスカローラ・ディープと呼ば

18　西村三郎『チャレンジャー号探検』中公新書

れていた）の8,491〜8,513メートルには及ばないものの、チャレンジャー号が南太平洋でそれに次ぐ深い場所を見つけたという知らせは、6月23日にタイムズ紙に掲載されました（チャレンジャー号の通信員が4月11日に横浜で発信した情報ですので、イギリス国民にその情報が届くのに2ヶ月半を要したことになります）。

そのニュースをnatureが7月1日に再掲載しており[19]、次のように書いています。

> 4つのMiller-Casella温度計のうちの3つは、莫大な圧力によって粉々に粉砕された。4番目のものは圧力に耐え、圧力を補正したときに、2,743メートルでのその深さの通常の温度である1.4℃が記録された。つまり、その場所では5,624メートルもの厚さで均一温度の巨大水塊が海底を占めている。

4つの温度計のうちの3つが粉々に割れるほどの水深だったというのはニュースを聞いた人々にとってもさぞや衝撃だったことでしょう。しかも、温度計測によって、その非常に深い海底から5,624メートルもの厚さで、同じ温度の水塊が占めていることが150年前にわかっていたというのも、本当に驚嘆に値することではないでしょうか。

---

19 Nature vol.12, p.173, 1 Jul. 1875

「バチビウス」の正体

ところで、船上の研究者たちは航海中、深海底から泥が採取されるたびに、バチビウスの真相をさぐろうと、生きている粘液性のものを探していましたが、なかなか見つけることができませんでした。

バチビウスとは、ハクスリーが大西洋の海底泥の標本のなかから発見したという、アメーバのような始原生物です。

ところが、まもなく日本に到着するというころ、バチビウスについて大きな進展がありました。

船上での唯一の化学者であるブキャナンが底質標本を瓶に入れて観察すると、海水や真水と一緒に保存した底質（海底の堆積物）はなんの変化もないのに、大量のアルコールを加えて保存すると、ゼリー状の沈殿が生じたのです。それを顕微鏡で調べてみたところ、なんとハクスリーのいうバチビウスが見えるではありませんか。

つまり、バチビウスの正体は、海水にアルコールを添加したための化学反応でできた沈殿物であり、生命の萌芽とはなんの関わりもないことがわかったのです。

トムソン教授は上記の内容を書いた手紙を、6月9日に東京でハクスリーに宛てて投函しました。

さて、これにハクスリーはどう反論したのでしょうか？

トムソン教授から手紙を受け取ったことについて、ハクスリーが8月19日号のnatureに寄稿しています[20]。

トムソン教授は、チャレンジャー号のスタッフの最善の努力にもかかわらず、新鮮な状態でのバチビウスの発見に失敗したこと、そして私がその名前を与えたものは、「深海標本の強いアルコールによって海水から綿状に沈殿した石灰の硫酸塩以外の何ものでもないのでは」、と真剣に考えていると報告してきた。

（中略）

トムソン教授は大変慎重に語っており、バチビウスの運命がまだ完全に決まったとは考えていない。

しかし、この特異な物質を生物のリストに入れることが間違いなのであれば、その責任はおもに私が負っている。したがって、彼が提案する見解よりも、私がさらに大きな重みをつけて（バチビウスは存在しないと）判断するのが正しいと思う。

なんだか逆にハクスリーは自分のことをかっこよく表現しているようにも感じますが、要するに、ハクスリーはあっさりと自分の間違いを認め、バチビウスを取り下げたのです。

日本での"価値ある休息"

熱帯での単調な航海はいつ終わるとも知れず、隊員たちは疲れ

果てていました。ですから1875年4月11日に横浜に到着し、日本に上陸した時は、ひときわ嬉しかったようです。

> 熱帯地方での仕事で疲れ果てた旅行者たちは、日本で歓迎され、価値のある休息をとった。不思議なYeddo（江戸）の雰囲気と気持ちのよい気候のおかげで、すぐに元気を取り戻した。
> 小旅行が行なわれ、さまざまな町や村を訪れた。しばらくして、神戸までNiponの南西沿岸をクルーズした。

東京がYeddoだったり[21]、日本がNiponだったり、名称や綴りがおかしいことは、忘れかけていた150年という時間の隔たりを改めて思い出させます。

行程表を見ると、チャレンジャー号は4月11日に横浜港に入港してからちょうど1ヶ月間停泊し、5月11日に神戸に向けて出港します。神戸で10日間過ごした後、広島県の三原港で2泊し、再び神戸に戻り4泊、横浜で11泊して、6月16日にホノルルに向けて出港します。日本には合計で2ヶ月と5日滞在したことになります。

日本滞在はフィリピンやニューギニア、そして香港よりも長く、全航海のなかでもオーストラリアに次ぐ長期滞在でした。

残念ながら、日本滞在中に彼らが具体的に何をしていたのかは

---

21 1868年から江戸は東京と名称が変わりましたが、外国人にとってはしばらくYeddoのままでした。

nature には書かれていません。ですが、せっかくですので、他の資料[22]から少しだけ補足しておきましょう。

明治天皇に拝謁

　若い乗組員たちにとってこの期間のほとんどは休暇となり、それぞれに買い物、日光や鎌倉、神戸、京都などの観光、芝居小屋や茶屋、日本料理などを楽しんだようです。一方で、艦長やトムソン教授、上級士官たちは、本国との連絡や公的な行事への出席がありました。

　そのひとつが、明治天皇への拝謁です。ヴィクトリア女王からの親書を携えた駐日イギリス公使ハリー・パークスに伴われて皇居を訪れたときのことを、上官のひとりであるブキャナン中尉が手記に残しています。

　皇居のなかでは、三歩進んでは一礼することを4回繰り返し、明治天皇のお立ちになっている前に進み出ました。公使が一人ずつ訪問者を紹介するごとに、訪問者たちは深く頭を下げました。それから、入室時と同じように、ただし、今度は後ずさりで退室しました。その間、天皇陛下は一言も発せられませんでしたが、侍従によると、「陛下はことのほかお喜びです」、と言われたと書いています。

22　西村三郎『チャレンジャー号探検』中公新書

日本を出る前に返礼パーティー

　チャレンンジャー号が神戸、三原へと移動したのは、日本近海の調査が目的でした。相模湾では世界的には珍しいホッスガイやタカアシガニなどを採集し、神戸、三原でもドレッジやトロール（底引き網）が行なわれました。

　横浜に戻ると、乗組員たちは出港に向けて忙しい日々を過ごしました。とくに上級士官や調査団員は航海の準備だけでなく、日本の各界要人や学術界への挨拶、返礼としてチャレンジャー号での船上パーティーを主催するなど、多忙を極めました。

　パーティーでは、横浜港の外に船を出してドレッジの実演を披露したあと、シャンパンで乾杯し、音楽に合わせて招待客の夫人や令嬢たちと軽やかにステップを踏みました。

　こうして、2ヶ月あまりの日本滞在を終えたチャレンジャー号は、太平洋横断に向けて1875年6月16日の夕刻に横浜を出港しました。

怪物級のオトヒメノハナガサ

横浜を出港した直後、さっそく大きな発見がありました。
房総半島のNo-Sima灯台（房総半島最南端の野島埼灯台のこ

と）の近くで生物を採取した時のことです。

　No-Sima灯台から南東わずか40キロ離れた最初の観測ス
テーションで、トロールが成功した。一群のヒトデや棘皮動
物に交じって、明らかにモノカルス属と思われる巨大なヒド
ロポリプが見つかった。
　ハイドランス（著者注：ヒドロ花、ヒドロ虫のポリプ全体の
こと）は、膨張した（伸縮性のない）触手の先端から先端
までの幅が23センチメートルであった。ハイドロカリウス、
つまりステムは、高さ2.2メートル、直径1.3センチメート
ルであった。
　この素晴らしい生物は、ホノルルに近いところでもう一度発
見された。

　野島埼灯台から南東に40キロメートルということは、大島近
くの相模灘です。そこで長さ2.2メートルもの新種のヒドロポリ
プが見つかったのです。これはのちに「オトヒメノハナガサ」と
呼ばれるヒドロポリプです。
　薄ピンクの長い柄に、緋色をした200本はある長い触手をなび
かせる様子は、まるで髪を振り乱した怪物のようでした。それが
一度に4体も網にかかったのです。この巨大なヒドロポリプには、
モノカルス・インペラートル[23]という学名がつけられました。

23　帝王のように偉大な単一の茎からなるポリプという意味。

マンガン団塊の発見

　横浜からハワイまでの間は22箇所で観測を行ないました。海底の水深が非常に均一で、平均水深は5,227メートルであったと報告しています。

　また海底にはマスタードの種からジャガイモの大きさまでの、丸かったり卵形だったりする不思議な塊がゴロゴロ転がっているのを見つけました。これは、今日「マンガン団塊」と呼ばれているものです。

　彼らはこの不思議な塊が、マンガンの過酸化物であることや、破壊してみると同心円状の層になっていて、軽石やサメの歯など異物からなる核から成長したものであることを明らかにしました。

　ちなみに現在も、マンガン団塊（マンガンノジュールとも呼ばれます）の研究は続いています。マンガン団塊は直径2～10センチ程度の球形をし、ハワイ沖やインド洋などの水深4,000～6,000メートルの海底に、半分埋没する形で分布しています。

　軽石やサメの歯などの核を中心として、海水から鉄とマンガンが沈着してできる場合と、堆積物のなかの海水に溶けているマンガンなどが沈着してできる場合がある、と考えられています。

　成長速度は「百万年で数ミリメートル程度」と非常に遅いのが特徴です。

　このように、地球史スケールの大変に長い時間をかけて形成されたマンガン団塊が、なぜ堆積物中に埋まってしまわずに、海底

に半分身を沈めた形でゴロゴロと転がっているのかは、未だ謎のままです。

また最近では、平均直径4マイクロメートル（マイクロは100万分の1）の「微小マンガン粒」が、外洋の酸素の多い堆積物の中から大量に見つかっています。

この微小マンガン粒の量を合計すると、外洋全体で数兆トンにもなると試算され、海底に転がっているマンガン団塊に含まれるマンガン量の、100〜1,000倍に相当すると考えられています[24]。

なぜこのような試算が行なわれるかというと、資源としてのマンガンが期待されるからです。しかし、実際には単位体積あたりの濃度が低い、つまりとても薄く広く存在しているため、資源としての利用は当面の間は難しいでしょう。

さて、150年前のチャレンジャー号の航海に話を戻しましょう。

一行は1875年7月27日に、サンドイッチ諸島（現ハワイ諸島）のホノルルに到着して数週間を過ごしたあと、8月19日にハワイ島のヒロから、タヒチに向けて出港しました。

若い研究者の死

タヒチに向かう船上で、悲しい出来事がありました。チャレ

24　http://www.jamstec.go.jp/j/about/press_release/20190206/

ンジャー号に研究者として乗船していた28歳のドイツ人の動物学者、ルドルフ・ヴィレメース＝ズーム（Rudolf von Willemoes-Suhm：1847-1875）が亡くなったのです。

トムソン教授が「ヴィレメース＝ズーム博士」という題名でnatureに寄稿した原稿[25]によると、詳細は次のとおりです。

> 彼は数ヶ月間、通常の健康状態ではなく、ときどき体のさまざまな場所にできた発疹に苦しんでいた。9月6日、彼は外科医に助言を求めた。前日にかなりひどく震え、顔の炎症を起こし、丹毒の症状を示し始めた。
>
> 翌週には顔の腫れや炎症が増し、額の上まで伸びていった。そして、丹毒特有の発熱とせん妄がより顕著になった。9月13日の朝に意識不明の状態に陥り、午後3時に死亡した。この悲しい出来事は、もちろん私たちの小さな隊に暗い影を落とした。

丹毒とは、連鎖球菌が傷口から入っておこる、皮膚の化膿性炎症です。トムソン教授はヴィレメース＝ズームの業績を讃え、彼の能力の高さや仲間からの人望を考えると、この損失は計り知れないと憂いています。

実際、ヴィレメース＝ズームは研究者として、また学術界を率いる人材として将来を嘱望される人物だったようです。チャレンジャー号に乗船した6名の自然科学者のうち、航海中にもnature

---

25 Nature vol.13, p.88-89, 2 Dec. 1875 トムソン教授は10月1日にタヒチからこの原稿をnatureに送りました。

に論文を掲載し、ほかにいくつもの学術雑誌に論文が掲載されているのはトムソン教授以外には彼だけです。

ヴィレメース＝ズームはnatureの論文[26]で、以前に彼が発見し、別の研究者によって*Willemoesia*という名前がつけられていた端脚類（ヨコエビの類の甲殻類）の大きなサイズの個体を、チャレンジャー号航海中に大西洋の深海底から採取したことを報告しています。

チャレンジャー号に乗船中の彼は生物採集、島の上陸と探検、採集した生物の解剖、標本作り、論文執筆と、非常に精力的に仕事をしました。

それは休暇中も例外ではなかったようで、横浜に滞在していた5月には、オーストラリアにいる恩師のフォン・シーボルト（Theodore von Siebold）に向けて、探検の様子を詳細に書き送っています[27]。

ヴィレメース＝ズームの遺体は死亡の翌日、14日の朝に「航海者の葬送の儀式」を経て、海に葬られました。

世界中に送られた貴重な標本

若い研究者の船上での病死という痛ましい出来事はありました

26　Nature vol.9, p.182, 8 Jan. 1874
27　http://archival.sl.nsw.gov.au/Details/archive/110330222
ちなみにこのシーボルトとは、江戸時代末期に長崎の出島で医師をしていたフランツ・シーボルトの伯父のようです。

が、チャレンジャー号の航海はその後も続けられ、タヒチ、チリ中部の沿岸都市バルパライソ、南アメリカ最南端のホーン岬を経由して大西洋に入り、1876年1月23日にフォークランド諸島に到着しました。南アメリカ沿岸の島々では3ヶ月ほど探検し、その後もいくつかの島に滞在しながら大西洋を北上しました。

そして、イギリスのシアネス港に5月27日に到着、約3年半にわたる航海がすべて終わりました。

この航海で集められた標本は、放散虫、クラゲ、ウニ、ナマコ類、甲殻類、ヒモムシ類、魚類など、膨大かつ非常に幅広いものでした。これらの標本はイギリス国内だけでなく、それぞれの分野の第一線で研究する世界中の研究者に送られました。

海外の研究者に貴重な標本を送るという方針は、ワイビル・トムソン教授が決めたことですが、イギリス国内では批判が少なくなかったといいます。

国民の税金で実施した探検の成果を、外国人研究者に簡単に手渡してしまうことに抵抗があったからです。

これに関してnatureは、トムソン教授の方針を全面的に支持し、イタリアのフィレンツェ王立研究所とトムソン教授のやりとりを掲載しています。

それぞれの生物に関する当時の第一級の研究者の手に渡ったからこそ、科学的に最先端の解釈がなされ、意味のある報告書としてまとめることができたのです。

150年たった今も、その偉業は色あせることなく歴史に刻まれているのですから、ワイビル・トムソンの決断は極めて正しかっ

たというべきでしょう。人類史上例を見ない大がかりな海洋科学航海は、当時の超大国である大英帝国だけがなしえた大事業でした。

第7章

モースの大森貝塚

大森貝塚の発見を
nature で報告

　1877年6月19日、2日前に日本に到着したばかりのアメリカ人動物学者、エドワード・モース（Edward Sylvester Morse：1838-1925）が大森貝塚を発見しました。大森貝塚は、今では縄文時代後期から末期の貝塚として広く知られています。

　その大森貝塚について、発見から5ヶ月後の1877年11月29日号のnatureに、「初期の日本人の痕跡」という題名の報告記事が出ています[1]。日本に滞在していたモース本人が、発掘を始めてから5日後の9月21日に書いたものです。貝塚発見に至った経緯と、発掘の様子や発掘物についてのことが明快に書かれていますので、本章で紹介したいと思います。

　すでに明治維新から10年近くたっていましたが、欧米の学術界にとって日本はまだ研究対象として新鮮だったようで、次のように始まります。

　　日本の起源に、非常に大きな関心が寄せられている。日本の初期の人種に関するどんな情報でも、Natureの読者は興味があるだろう。貝塚（shell heap）の発見と調査は、この島を先史時代に占拠した人種についての多くの足跡を明らかにするだろう。

---

1 Nature vol.17, p.89, 29 Nov. 1877

そして大森貝塚を発見した経緯については、次のように述べています。

　今年の６月、初めて東京に向かったとき、汽車の窓から大森と呼ばれる駅の近くで、貝塚の細かい部分を見つけた。それは私がニューイングランドの海岸沿いでよく研究したものと似ており、すぐに貝塚だと認識できた。

のちほど述べるモースの報告書によると、モースは来日したときから「貝塚がないかと注意を怠らなかった」といいます。

当時、デンマーク、イングランド、スコットランド、アイルランド、フランス、米国各地（東海岸、西海岸、ミシシッピー川流域）、ブラジル、オーストラリア、タスマニア、マレー群島で貝塚が見つかっていて、専門家の間ではその重要性が認識されていました。

モース自身も米国東海岸のメイン州、マサチューセッツ州で何年も貝塚を研究してきたので、日本で同じような調査をしたいと思っていたのです。

ですから、日本に到着して数日後にモースが貝塚を発見したのは、ただの偶然ではなく、彼の心構えゆえに訪れた幸運でした。

　９月１６日、松村、松浦、佐々木の３名の日本の賢い学生たちとともに、私は貝塚を調べた。そして数日後、公立教育長のDavid Murray博士とVukuyo氏と一緒に、深く掘削する２名の作業員を見守りながら徹底的な調査をした。

堆積物はさまざまな貝類の殻、たとえば*Vusus*、*Eburna*、*Turbo*、*Pyrula*、*Arca*、*Pecten*、*Cardium*、*Ostrea*で構成されている。不思議なことに、*Mya arenaria*（筆者注：オオノガイ）も他の種もニューイングランド属のものと区別できない。私の知る限り、これらの貝は今もまだ江戸湾に住んでいる。

貝塚の幅は約60メートルで、厚さは30センチから1.5～1.8メートルまでさまざまだが、上に少なくとも90センチの厚さの土が積もっている。

貝塚は現在、湾の岸から800メートル近く離れている。しかし世界の他の地域における貝塚の通常の位置を考えると、もとは海岸近くに形成されていたと考えられる。

この事実は、貝塚ができてからかなり土地が隆起したことを示している。私は、地質学的性質の他の証拠が、過去の時代における広範囲の激動を示していることを述べておきたい。

徹底的な調査によって、東京湾に住んだ大昔の人々が食べていた貝類の種が特定されています。また、モースは貝塚で見つかった生物の種類だけでなく他の貝塚との比較から、この土地が隆起したことを示唆します。このことは、現在の知識では、約7,000年前は今と比べて海面が2～3メートル高く、日本列島の各地で海が陸地に深く侵入していた「縄文海進」として説明されます。

つづいて、

骨の破片、角を削った荒削りの道具、陶器の破片など、典型的な貝塚の特徴がすべてここにある。しかし、大森貝塚には

それを独特にする特徴がある。

第一に、膨大な量の土器があり、装飾には多様性がある。装飾のいくつかは非常に飾り立ててあるが、とても作りが粗い。

第二に、骨器がないか、あっても数が少なく、8〜10個しかない。それは小さな縦横比の矢じりをのぞいて角器であり、イノシシの牙で作られている。すべての造作物はとてもシンプルであった。そのうち2つは、鈍い骨の突き錐のようなもので、終端はとても鈍角でくびれがあった。もう1つは、抜け落ちた鹿の角から作られている。端で切り取られた角のいくつかの断片が見つかった。

第三に、火打石のかけら、またはあらゆる種類の石器が存在しない。小さな石以外は貝塚の上部近くにあり、軟らかい砂岩でできている。

イノシシの孤立した牙が頻繁に発生することから、これらの歯が道具として使われたことを示しているように思える。そして終端に穴のある1つの角の部分は粗野な柄として使われたようだ。

これまでに見つかったなかで、最も一般的な骨は、鹿やイノシシの骨だが、不思議なことにステーンストロップ氏（著者注：同時代に活躍したデンマークの動物学者）が紹介したデンマークの貝塚と同じ割合だった。人間の骨はまだ見つかっていない。

いくつかの土器に見られる赤い色素を分析した結果、それが辰砂（筆者注：鉱物の一種で朱色の顔料として使われた）であることがわかった。海岸から離れている、海面より高いと

ころにあること、石器の欠如、そして上に土が厚く堆積して
いるため、この貝塚は古くからあると考えられる。

このように、堆積物のなかからは、動物の骨の断片や角を粗く
削った道具、土器の破片などが出てきました。そして、大森貝塚
の特徴のひとつとして、粗野ながら、さまざまな装飾をほどこされ
た大量の土器の破片が見つかったことも報告しています。なかには
辰砂という、古くから朱色の顔料として使われた水銀の硫化鉱物
の顔料で朱く色づけされたものもありました。骨でできた用具の
数は限られており、火打ち石やその他石器は見つかっていません。
　また、人間の骨はまだ見つかっていないと述べている点は、の
ちほどの議論のなかで重要になります。

モースは東京大学に動物学教授として迎え入れられます。報告
の最後に研究環境について次のように述べています。

　東京大学の総長と副総長の加藤（弘之）氏と浜尾（新）氏が
　知的な関心を寄せてくれており、この貝塚を徹底的に調査す
　るためのあらゆる便宜が私に提供されることになっている。

モースはもともと腕足類（二枚貝に似た海の無脊椎動物）を
研究するのが主目的で、世界的に見ても腕足類の豊富な日本に
1877年6月にやってきました。そして7月に江ノ島に、東洋初の
臨界実験所を私設で開きました。
　モースによれば、その数日間のうちに東京大学の政治経済学教

授の外山正一が彼の実験所にやってきて、「大学の学生のために講義をしてほしい」と依頼しました。

じつは外山は、モースのことを前から知っていました。数年前に外山がミシガン大学にいたときに、モースの公開講義を受けていたのです。モースは忘れていましたが、外山はそのときにモースが宿泊したパーマア博士という人物の家に下宿しており、二人は挨拶していたのでした[2]。

そういう経緯で、モースは2年の契約で東京大学初の動物学教授に就任し、日本政府と東京大学の全面バックアップのもとで、大森貝塚の発掘を行ないました。

大森貝塚に関する
間違ったレビュー

それから3年後、モースの大森貝塚を話題にした記事が1880年2月12日号のnatureに掲載されました[3]。幕末にイギリス海軍軍医として来日し、帰国後は日本文学を翻訳したことで知られるフレデリック・ディキンズという人物による投稿です。

なぜこのタイミングでnatureに大塚貝塚の話題が取り上げられたかというと、前年（1879年）の9月に、モースによって発掘報告書が発表されたからです。

---

2 E.S.モース著／石川欣一訳『日本その日その日』東洋文庫171　平凡社
3 Nature vol.21, p.350, 12 Feb. 1880

日本の学術を海外に発信し、海外と学術情報を交換すべし、という モースの進言もあって、東京帝国大学が、初めての紀要（大学が定期的に出す論文集）『メモア』を創刊し、創刊号の第1巻第1部として、モースの大森貝塚発見と発掘についてまとめた論文（発掘報告書）、"Shell mounds of Omori" が発表されました。

　一冊一論文ですので、東京帝大の歴史上初めての紀要の執筆者を、モースが務めたことになります。

　ディキンズはこの発掘報告書を読み、レビューをnatureに書き送ったのです。ただ困ったことに、このレビューはディキンズ自身の私見による誤解が多く含まれていました。

　たとえば、

　「現在は、大森貝塚はすべて一掃されており、今はないと思う」「人間の骨やその断片が他の哺乳類の骨とほぼ同数あった」「大森貝塚から出てきたような土器の破片は、今も日本の田舎村で見かけるものと同じ」「海岸から貝塚までの距離は注目に値するものではない」「本州の東の地域は14 〜 15世紀までおもにアイヌ民族が住んでいた」「日本の歴史書は、ごく近年まで事実と伝説をとりまぜたものであり、歴史的価値は低い」「報告書の作成は、ヨーロッパの技術で、ヨーロッパ人の指導のもと、まあまあの明瞭さと正確さで印刷しただけ」などと述べています。

間違った記事に
すぐに反応した杉浦重剛

　このレビューに対して、間髪を入れずに異議を申し立てたのは、当のモースではなく杉浦重剛という20代半ばの日本人青年でした。

　杉浦重剛（1855-1924）は、今日では昭和天皇の倫理学などの教育係として最も知られる人物ですが、若いころは科学の専門教育を受けるために、1876年から1880年まで文部省第2回留学生としてイギリスに留学していました。

　1876年9月からサイレンセスター農学校で農芸化学を学びましたが、牧畜と麦のイギリスと、稲作の日本とでは違いすぎるとして農学校を去り、マンチェスターのオーウェンカレッジに転校して化学を学びます。そこでの化学研究は充実し、ロンドン化学会雑誌に指導教官との連名の論文が掲載され、その業績が認められてロンドン化学会の終身会員になります[4]。

　しかし、さらにロンドンのサウスケンジントン化学校、ロンドン大学などで学ぶうちに神経衰弱と肺の病気にかかり、1880年5月にやむなく帰国しました。

　杉浦がnatureに投稿したのは帰国の3ヶ月前ですから、真冬のロンドンで、神経衰弱などで心身ともに弱っていた状況のなかでnatureに投稿したことになります。

　杉浦の文章はわずか15行ほどのごく短いもので、ディキンズ

4　渡辺一雄『明治の教育者 杉浦重剛の生涯』毎日新聞社

の記事から1週間後、2月19日号の読者投稿欄に掲載されました[5]。

ディキンズ氏の記事には年代の間違いがある。彼は「本州の"アズマ"、すなわち東部地域は、14世紀から15世紀まで、主にアイヌ民族によって人口が占められていた」と書いた。ディキンズ氏は、モース教授によって発見された大森貝塚を、13、14世紀よりも古い年代だとすることに躊躇している。そして、それでも彼は大森貝塚がアイヌ民族によるものと考えている。

しかし事実としては、この地域にはすでにその時代よりずっと前にアイヌ民族を追い出した現在の人々が住んでいた。

したがって、もし彼が考えているように、貝塚が13世紀あるいは14世紀の残骸であったとすれば、それらはアイヌのものとはいえない。逆に、貝塚がアイヌのものであるならば、はるかに古い年代が貝塚に割り当てられるべきだ。そういうわけで、彼の結論のどちらかが間違っているということだ。

モースの代理投稿をした
ダーウィン

その2ヶ月後に、ついにモースからのディキンズへの反論がnatureの読者投稿欄に掲載されます。1880年4月15日号です。

---

5 Nature vol.21, p.371, 19 Feb. 1880

ただし、これは少し変わった体裁の投稿でした[6]。署名がモースではなく、あのチャールズ・ダーウィンなのです。

モースがディキンズのレビューに異議を申し立てる手紙をダーウィンに送り、ダーウィンがその私信を「モースが公表されることを願っている」として nature の読者投稿欄に投稿したのです。

なぜモースが直接 nature 編集部宛てに投稿しなかったのかはわかりません。投稿したのに掲載されなかったのかもしれません。このころの nature の読者投稿欄には投稿が殺到していたようで、「なるべく短い文章で書いてほしい」という編集部からの注意書きがついています。そういう状況ですので、ダーウィンの投稿なら、多少長くても掲載されるという判断をしたのかもしれません。ダーウィンやハクスリーは、たびたびこの種の代理投稿をしています。

ダーウィンはモースのために一肌脱いだわけですが、モースとダーウィンはそもそもどういう関係だったのかというと、モースはダーウィンの進化論を信奉しており、二人には親交がありました。そのため、モースは、日本滞在中には講義や講演で熱心に進化論を日本人にも紹介しました。

面白いのは、モースはもともと米国動物学の祖といわれたルイ・アガシーの弟子です。アガシーは、ダーウィンの進化論に反対する立場をとっていたことが知れ渡っていました。ふつうに考えれば、モースもその立場に従うところです。

しかし、モースは腕足類の研究を重ね、自分で進化論をテストするうちに、徐々にその正しさを確信し、結果として師匠の立場

---

6 Nature vol.21, p.561-562, 15 Apr. 1880

に背いたのです。

ダーウィンは
日本の科学の発展を予測した

さて、それではダーウィンの投稿内容を見ていきましょう。

モースからの手紙の前にダーウィンの前書きが数行あります。

natureでダーウィンが日本に直接言及している文章はおそらくこれが唯一です。

　私はモース教授から同封の手紙を受け取り、貴誌に推薦するよう依頼された。私はこの手紙が公表されることを願っている。手紙のなかで言及されているNATUREの記事（筆者注：ディキンズの誤った記事）は、モース教授の仕事に対して公平な評価を下していないと思われたので、私も彼の手紙が出版されることを願っている。

　私はとくに、日本の古代の住民による食人の風習、彼らの扁平脛骨、土器製作における熟練度について注目する。そして他のどのポイントよりも、問題の期間以降の島の軟体動物相の変化は、とくに興味深い。

　と述べています。ダーウィンも、ディキンズの記事には「公平性がない」と認めています。そして、ダーウィン自身は、モースの発掘報告書の内容のうち、日本の古代のカニバリズム（食人）

や骨格、土器製作の熟練度に関する記述、それから日本における軟体動物相の変化に注目していると述べました。

さらに、日本にはすでに貝の大規模なコレクションを持っている紳士がいることに驚き、彼らが大森貝塚の解明に十分な資金を振り向けたことを「将来の日本の科学の進歩にとって最も有望な兆候」と賞賛しています。その部分は次のように書いています。

　　驚くべきことに、モース教授の回顧録は偶然にも、何人かの日本の紳士がすでに群島の貝の大規模なコレクションを持っていることに触れている。そして彼らは、先史時代の貝塚研究への投資を熱心に支援した。これは将来の日本の科学の進歩にとって、最も有望な兆候である。

この「日本の紳士たち」とは、東京大学でモースの仕事を助けた人々のことを指しています。大学側としては先ほど述べたように、モースを初めての動物学教授として迎え、〈貝塚発掘〉という実践を通して、熱心に動物学や考古学を学んだのです。

モースも東京大学も、双方がまさにいいタイミングで出会ったというべきですが、ダーウィンはこの事例から、日本の将来の科学の発展を予想していたのです。

ダーウィンが最も注目した
「進化の証」

　モースの報告書のなかでダーウィンが最も興味を持った、「問題の期間以降の島の軟体動物相の変化」とは何でしょうか。

　nature には書かれていませんが、モースの報告書[7]を読んでみると、大森貝塚から出てきた軟体動物と現在の海に生きている軟体動物とを比較した結果が、ダーウィンを興奮させたことがわかります。

　たとえばサルボウ貝という、赤貝に似ていて赤貝より少し小さな貝があります。このサルボウ貝を多数比較した結果、大森貝塚で見つかった貝殻のほうが現生の貝より大きく、貝殻の厚みと長さの比も変化し、現在のサルボウ貝のほうが、貝の長さに対して厚みが増していることが検出されました。

　ほかにもモースは、多数の種の比較をしています。なかでも私たちに馴染みのあるハマグリの場合、殻の長さと厚みの比に優位な変化は見られないものの、やはり大森貝塚から出てきたほうが現生のハマグリよりも大きいことがわかりました。

　このようなモースの報告から進化の実例が観察できたため、ダーウィンは興味深く感じたのです。

　そのほか、ダーウィンが言及した「土器製作の熟練度」とは、土器に縄の文様をはじめ、無限の変化を持つ模様構成を持つもの

7　E.S.モース著／近藤義郎・佐原真編訳『大森貝塚』岩波文庫

が多数出てきたことを指しています。

　また「扁平脛骨」の話題というのは、大昔の人の脛骨が現代人のその形と異なることで注目されていた、骨の形です。脛骨は膝と足首の間の「すね」の大きな骨です。弁慶の泣きどころといえばわかりやすいかもしれませんが、そこにある骨が脛骨で、脛骨の骨幹（膝関節の側の先端部分）が横方向に扁平である場合に扁平脛骨といいます。

　世界各地の貝塚から出た人骨を調べたところ、原始人では脛骨の扁平がより一般的であることがわかっていたため、モースは大森貝塚でも注目したのです。

　ただ、大森貝塚からは脛骨の骨幹部分を1つしか得ることができませんでした。そもそも脛骨は人によって違いがあるので、単一の例を示してもほとんど意味がないとしながらも、任意に選んで計測した現代日本人に比べて、大森貝塚からの脛骨は著しく扁平であったたことを報告しています。また、横方向への扁平というよりも、角が丸みをもっていて、骨幹が前方に屈曲している点は、絶滅した猿の骨に似ており、大森貝塚がかなり年代の古い証拠だとモースは述べています。

　ダーウィンが言及した食人習慣については、のちほど改めて取り上げます。

「モース、猛然と抗議する」

次に、モースからダーウィンに送られた手紙の内容に移ります。

中身を見てみると、まずモースは「natureにはレビューする主題について、ある程度知識を持っている人物をレビューアーにすることを期待する」と苦言を呈したうえで、「アイヌ民族に関する驚くべき間違いは、すでにロンドン在住の日本の紳士によってすみやかに修正された」と、杉浦重剛の投稿に言及します。

このころの杉浦はといえば、体調不良のためにちょうど日本に帰国したころです。果たしてこの一節を読んだでしょうか。読んだとしたら、さぞ喜んだことでしょう。

そして、ディキンズが東京のことを江戸と呼ぶことに関して、「ディキンズ氏が日本に住んでいたとするのは美しい誤解だ。さもなければ、間違った名前で帝国の主要都市を呼び続けるなどということはしないだろう」と、皮肉たっぷりに批判します。そのほかにもディキンズの主張が間違っている点をいくつも指摘しますが、「人骨が他の哺乳類と同程度の割合で出てきた」とディキンズが述べたことについては「彼の書評は一連の虚偽で占められており、彼が事実を議論するつもりがないのは、明白だ」として一蹴しています。なお、ディキンズはモースに反論する書評を再びnatureに投稿しましたが、取り上げるまでもないでしょう。

大森貝塚から出てきた人骨は
何を意味するか

　さて、先ほどから気になっている読者もいるでしょう。大森貝塚の存在は知っていても、そこから人骨が出ていたというショッキングな話を知っている人は、それほど多くないようです。ですから人骨の件についても、一言説明しておいたほうがいいでしょう。

　natureへの大塚貝塚発見の第一報で、モースは「人骨は出ていない」と報告したことを前に述べました。

　しかしその後の発掘で、モースたちは傷だらけの人骨を見つけたのです。そのなかには、石器で打ち砕かれたものがありました。このような人骨は世界各地の貝塚から見つかっています。

　髄を取り出す目的か、その長さのままで煮るには土器が小さすぎるため、煮るのに便利なように割ったのだとモースは結論しました。本当にそうだとすると、大森貝塚での発見は日本に人食い人種がいたことを、初めて示す資料でした。

　これは日本人に大きな衝撃を与え、その後、日本人の起源の関心を高め、さらなる研究につながりました。

　モース自身の考えとしては、日本人についてもアイヌ民族についてもこのような風習の形跡は、ほかの遺跡にも記録にも一切なく、むしろ「非常に温和で人を殺す術が知られていないほど」という考えを示し、日本人でもアイヌ民族でもない、さらに古い未知の種族であった可能性がある、と例の紀要で発表された発掘報告書で述べています。脛骨の骨幹の形からも、モースが大森貝塚

241

をかなり古い年代のものと考えていたことは、先ほど述べたとおりです。

日本人を愛したモース

　最後にモースという人が日本人とどう関わったかを紹介して、この章を終わりたいと思います。

　モースが日本滞在時につけていた日記をまとめ、米国で1917年から出版した『Japan Day by Day』（邦題：日本その日その日）を読むと、彼が日本人をどう見ていたかがよくわかります。たとえば実験所を置いた江ノ島の漁村で、モースは次のような簡単な実験をしたことを書いています[8]。

　　先日の朝、私は窓の下にいる犬に石を投げた。犬は自分の横を過ぎて行く石を見た丈で、恐怖の念は更に示さなかった。そこでもう１つ石を投げると、今度は脚の間を抜けたが、それでも犬は只不思議そうに石を見る丈で、平気な顔をしていた。その後往来で別の犬に出喰わしたので、態々しゃがんで石を拾い、犬めがけて投げたが、逃げもせず、私に向って牙をむき出しもせず、単に横を飛んで行く石を見詰めるだけであった。私は子供の時から、犬というものは、人間が石を拾

8　E.S. モース著／石川欣一訳『日本その日その日』東洋文庫171　平凡社

う動作をしただけでも後じさりをするか、逃げ出しかするということを見て来た。今ここに書いたような経験によると、日本人は猫や犬が顔を出しさえすれば石をぶつけたりしないのである。

また、「日本人が丁寧であることを物語る最も力強い事実は、最高階級から最低階級にいたる迄、すべての人がいずれも行儀がいいということである」といって、次のように描写しています。

往来で知人に会ったり、家の中で挨拶したりする時、彼等は何度も何度もお辞儀をする。往来などでは殆ど並ぶように立ち、お辞儀の方向からいうと相手を2、3フィート（著者注：60〜90センチ）も外れていることもある。人柄のいい老人の友人同志が面会する所は誠に観物である。お辞儀に何分かを費し、さて話を始めた後でも、お世辞をいったり何かすると又お辞儀を始める。私はこのような人達のまわりをうろついたり、振返って見たりしたが、その下品な好奇心には全く自ら恥じざるを得ない。これは活動的な米国人には、時間を恐ろしく浪費するものとしか思われない。外山教授の話によると、大学の学生達はこのような礼儀で費す時間を倹約しつつあり、彼等の両親は学生生活は行儀を悪くするものと思っているそうである。

この本の他の部分も日本への愛があふれています。日本人が清潔好きで、和を尊び、季節のうつろいに敏感な感性を持ち、芸術

的表現に優れていることを示す描写がいくつも見られるのです。

　そんなモースが日本の学術に果たした貢献も計り知れません。2度目の来日の際に携えてきた、渡米中に買い集めた2万5,000冊もの書籍や小冊子は、東京大学図書館の核になりました。

　また、晩年に関東大震災の報を耳にすると、子どもたちを呼び、遺言を書き直して、自分の蔵書のすべてを東大図書館に寄贈する同意を得ます。彼が1925年に亡くなったあとに、横浜に向けて送り出された書籍は、大きなケースで69個にもなったといいます。

　海の向こうから来た友好の師に恵まれ、開国後の日本は学術の礎を築いたのです。

第 8 章

nature誌上に見る 150年前の日本

natureの創刊は日本の明治維新の翌年ですから、日本では近代化と西洋化が始まったころです。natureには発刊から数年の間に何度か日本に関する記述があり、彼らが当時の日本をどう見ていたのかをうかがい知ることができます。そして、わずか数年の間に日本に対する認識が急激に変化していったことがわかります。

I 近代化前の日本は 外国人にどう映ったのか

The Japanese
——日本人に関する特集記事

日本はまだ世界がほとんど知らない国である。しかし、ゆっくりとしてはいるが、固く守られたこの島々にさえ、進歩の大きな波が押しよせている。

このような書き出しで、natureの創刊からわずか7週目の1869年12月16日号に、「The Japanese」と題する記事が掲載されています[1]。

このころnatureに掲載される海外の話題としては「インドのコーヒーの木」や「中国の宇宙論」「タスマニア人の起源」など、「どこどこ国の○○」というように、外国での植物学、天文学、人類

---

1 Nature vol.1, p.190-192, 16 Dec. 1869

学など学問の話題が定番です。しかし、この「The Japanese」だけは、Theのついた題名どおり、「日本」というひとつの国を真正面から捉えた記事でした。まずはそのことに驚きを感じます。

日本の緯度・経度や富士山、黒潮に始まって、そこに住む日本人の外見上の特徴、日本人が信じている宗教、日本人のマナーや習慣、皇室、浮世絵や工芸品、死生観までが書かれています。

筆者が知る限り、一国を丸ごと対象にした長い記事は、150年間のnatureの歴史のなかで日本に関するこの「The Japanese」が唯一です。

鎖国で国外への情報発信がほとんどなかったのですから、日本国は未知のベールに包まれており、なにもかもが彼らの興味の対象だったのでしょう。全3ページの長い記事にするにふさわしいほど、日本はnatureの読者に紹介したいコンテンツにあふれていたのです。

ヨーロッパから見た
維新直後の日本

記事を紹介する前に、当時の日本がどういう立ち位置にあったのかを簡単におさらいしましょう。日本は200年の鎖国の眠りから覚めたばかりで、貿易が許されたのは長崎に加えて横浜、神戸、箱館のみ。江戸に入ることを許された西洋人は外交官だけで、冒頭で述べているように「世界がほとんど知らない国」でした。

日本人と欧米諸国との接点が急激に増え、日本人にとってそう

だったように、彼らから見ても日本の存在は刺激的でした[2]。

1867年のパリ万国博覧会に展示された日本の漆器や刀剣、浮世絵などはとても洗練されており、〈ジャポニスム〉というムーブメントを引き起こしました。そういう品々を見るとどうやら未開の国でもない、かといって自分たちとはかなり違う不思議な国が、いよいよ自分たちに向けて、突然、通商の扉を開いたのです。世界を股にかけて商売をしていた彼らは、がぜん興味をかきたてられたことでしょう。

前に書いたように、natureは科学雑誌でありながら、少なくとも発刊当初は、想定読者として科学者だけでなく、イギリス政財界の知識階層を意識していました。ですから、開国まもない日本について、独立した長い記事の形で取り上げることは、想定読者の期待に沿うものであり、十分に意味があったと考えられます。

このころのnatureは毎号、一般読者向けの記事を巻頭から数本掲載しています。これは、編集部があらかじめ著者に執筆を頼んで準備していた依頼原稿です。

ジェーン・アグネス・チェッサー

「The Japanese」の記事を書いたのは、ジェーン・アグネス・

2　たとえば1862年にロンドンで開催されたロンドン万国博覧会の開会式には、江戸政府がヨーロッパに派遣した最初の使節団（文久遣欧使節）が参加し、髷（まげ）をゆって帯刀をした袴姿の武士たちが会場内を見学する様子が、ロンドン・ニュースのイラストで報じられました。

チェッサー（Jane Agnes Chessar：1835–1880）というイギリス人女性です。教育者であり、ロンドン教育委員会の委員も務めた人物です。第5章で見たように、当時のイギリスでは知的職業は圧倒的に男性が占めていましたが、教職だけは例外でした[3]。女性がほとんど社会進出できなかった時代に、教育委員まで務めたということですから、チェッサーは新時代の先駆け的な存在であったことでしょう。

　チェッサーの生い立ちについてはほとんど記録がありませんが、中流階級出身で3人姉妹のひとりとみられます。父親はこの時代としても早逝の44歳で亡くなっており、早くから経済的自立にせまられました。

　チェッサーはロンドンで教育を受けた後、18歳ごろからロンドンのホーム・アンド・コロニアル・トレーニングカレッジで教職につき、1867年まで15年ほど勤めました。

　そこで彼女は教師としての才能を発揮します。彼女のいるカレッジに入学した新入生は、最初の週が終わるまでには、彼女の優れた人間性に感化され、「彼女のように優雅なマナーを備え、正義感に満ちあふれた優しい人物になろうと決意した」という記事が残っているほどです[4]。

　チェッサーは文才にも優れており、カレッジの刊行物や、当時女性誌として人気のあった雑誌『The Queen』をはじめ、新聞などに寄稿したり、自然地理学の雑誌の編集も行ないました。

3　滝内大三「19世紀イギリス女性の職業とキャリア形成」『大阪経大論集』第56巻第6号、2006年3月
4　Jane Martin and Joyce Goodman『Women and Education, 1800-1980』Red Globe Press

チェッサー自身に来日経験はありません。本などで知ったことをもとに、この「The Japanese」の記事を書いたようです。チェッサーの記述内容から察するに、彼女が最も頼りにしたのは『Le Japon illustré et.2』という本です[5]。これは1863年から64年にかけて日本に滞在していたスイス人外交官のエメ・アンベール（Aimé Humbert）が、身元を明かさずに江戸湾のまわりをスケッチブック片手に歩いてまわり、その見聞を記録した著作です。フランス語で書かれたオリジナル版はパリで1870年に出版され、1874年に英語版『Japan and Japanese illustrated』として翻訳されています[6]。

日本の地理

それでは長い記事ですが、引用しながら少し詳しく「The Japanese」の記事を見てみましょう。

まずチェッサーは、日本にはすでに「列島の詳細な地図が存在している」、と述べています。これはひとえに、伊能忠敬らが全国を歩いて測量した偉業の賜物です。

市街のすべての景色から、円錐形の偉大な火山である富士山

5　Aimé Humbert『Le Japon illustré et.2』Paris Libr. de L.Hachette, 1870
6　Aimé Humbert『Japan and the Japanese illustrated』R.Bentley & son, London. 1874

を見ることができる江戸。それから横浜、神奈川、鹿児島、中央海[7]。これらの名前が、私たちが日本の地名として知っているほとんどすべてだ。

帝国には地図があり、島の区域や町、さらには小さな島々まで書かれている。名前とその相対的な位置のほかに、私たちが知ることは何もない。この素晴らしい島群の物理的な地形が、西洋の科学研究者の研究対象になる日はまだ来ていない。

地理学を得意としたチェッサーですから、日本に精密な地図が存在することに驚嘆したに違いありません。そして、その地形についてはまだ誰も研究したことがない、と付け加えています。われわれ日本人にとっては馴染みのある弓形の列島ですが、その形には地学史的な理由があるはずであり、彼らの興味を引いたのです。

島の緯度は、太平洋のメキシコ湾流と呼んでもいい暖かい海流の影響とともに、穏やかな気候をもたらしている。米、綿、絹はこの国の多様な生産品のひとつである。

同時に、地震は珍しいことではなく、活火山があること、そして近隣の海を猛烈な台風が襲うことを忘れてはならない。

「太平洋のメキシコ湾流と呼んでもいい暖かい海流」の影響で、日本列島の気候は穏やかであると書かれています。「太平洋のメ

7　中央海（Central Sea）と呼んでいる海がどこを示しているのか、これ以上の説明がないのでわかりません。江戸や横浜とならんで鹿児島の地名が出てくるのは、薩英戦争（1863年）を戦ったイギリスならではでしょう。

キシコ湾流」とはもちろん黒潮のことです。

　この表現は現在の知識からしても、とても適切です。惑星の自転に伴うコリオリ力（自転の影響）の関係で、北半球では大陸の東岸に沿って低緯度から高緯度に大海流ができますので、両者は似た点が多く、まさに「太平洋のメキシコ湾流」なのです。

　次に、日本の多様な生産品として米、綿、絹が生産されていることも記述しています。そのほかにもお茶類がありましたが、これ以外には大量に輸出できるような生産品は、ほとんどなかったのです。

　また、しばしば地震と火山、台風に見舞われることが記されています。おそらく桜島でイギリス人は実際に火山を目にしていたでしょうし、まるで台風を船上で体験した者のように記述しているのも、海軍をとおしてイギリスに伝えられていたのかもしれません。

　どちらにせよ、「地震と台風を忘れてはならない」という表現は、災害に繰り返し見舞われてきた日本という国を適切に紹介しているといえるでしょう。

日本人の起源と家族

　つづいて、「スイス人外交官のエメ・アンベールの観察は、おもに都市に住む日本の人々に関するもの」で、「彼らは私たちの目の前で生きているようだ」として、話題は日本人に移ります。

アンベール氏が考えるに、日本人の起源は多様である。おそらく中国から来た者もあれば、近隣の韓国やモンゴルからの者もいた。はるか南のマレーシア諸島から小舟に乗って日本にたどりついた先祖がいたのも間違いあるまい。

日本人は背の高い民族ではない。頭と胸は一般的に大きく、脚が短く、手は小さくてしばしば美しく、毛は長くて滑らかで黒く、鼻は整っている。目の色はヨーロッパ人より印象的で、肌の色はオリーブブラウンだが、銅色からくすんだ白まで変化する。女性の肌は男性より明るく、上流階級ではしばしば完全に白い婦人もいる。

このように日本人の起源や外見に関する、極めて博物学的な記述が見られます。

日本人は一人の妻をもつ。男性は二人目の配偶者をもつ権限を持っているが、頻繁にその特権を利用することはない。女性たちは、夫に極端に服従している。

第5章で述べたように、当時のイギリスにも男尊女卑は色濃く残っていましたが、自分たちの国よりもさらにその傾向が強いという印象を持っていたようです。

仏教と神道、祖先崇拝

つづいて、日本人の多くが信仰している宗教が仏教であることを述べ、「広大な柱や司祭、大きな寺院、複雑な礼拝制度、巨大な大仏」があるとしています。そして、

> 人間が最終的に消滅することに関して、日本人の間で受け入れられている仏教の教義は、人間の命の素晴らしい度外視（著者注：wonderful disregard of human life）であり、これが最も顕著な特徴である。

と書いています。直訳で「人間の命の素晴らしい度外視」の意味することは何でしょうか？　舌足らずで、この部分を読んだnature読者の頭のなかも、おそらく疑問符でいっぱいだったに違いありません。

もとになったアンベールの著作には、仏教の涅槃や輪廻転生が詳しく解説されています。アンベールは「人が死ぬと来世があって、また別の命に生まれ変わるのが輪廻転生である」と説明しています。

ですので、チェッサーは輪廻転生の説明を読んで、「人間の命（に限りがあることを）度外視した素晴らしい考え」と言いたかったのかもしれません。

さらに、日本人は仏教を信じると同時に、神道を信じ、さらに

祖先崇拝も行なう、と次のように述べています。

しかし、仏教のほかに、日本に広がる神様、または先祖の神々の礼拝もある。神様は常に別々の家族の祖先であるとは限らない。彼らの最大の宗教が、日本民族の伝説の先祖であることは確かである。

チェッサー自身、キリスト教という一神教の信者ですので、日本人のこの複雑な宗教観については、とくに興味を持ったようで、宗教に関しては多くの行数が割かれています。

人々は先祖の神々への信念により、死者に対して敬意を払い、先祖の墓に毎年訪れる。町を囲む死者の丘への訪問は、多くの松明の光によって識別され、夜に川を下る小さなボートの浮き沈みで終了する。

こちらはお盆の墓参りや、精霊流しのことを指しているのでしょう。

日本には半神秘的な英雄神がいる

今日、典型的な日本人の宗教というと、仏教と神道が主なものと考えがちですが、当時の外国人の目にはそのほかにも日本の大

事な神様の存在が見えていました。直訳してみますので、何のことか想像してみてください。

　　加えて、数々の守護神への信仰がある。そのうちのいくつかは半神秘的な英雄神であり、人生の出来事を象徴し、その来訪は多くの国民の喜びの機会である。その影響は仏教徒の信念が生み出す、憂鬱な効果を打ち消すことができる。

　このような説明で登場するのは、なんと、七福神です。
　とくに、日本画で描かれた布袋がこのページのイラストになっており、次のような長い説明があります。

　　布袋は、貧困のなかでの満足感の人格化である。彼は偉大な日本のディオゲネス（筆者注：古代ギリシャの哲学者）であり、世俗的な財を持たない哲人である。彼の唯一の所有物は、粗い麻布、財布、そして団扇だけだ。
　　彼は財布が空になると、それを笑い、子どもたちの遊びにそれを貸してくれる。

　　　　　　　　　　（中略）
　　布袋はやや漂泊の人生を送っている。彼はときどき、水田の耕作者が所有する水牛に乗って登場する。すべての民は彼の友人である。
　　彼は木の下で眠り、子どもたちが彼を目覚めさせる。その後、彼は腕のなかに子どもたちを抱いて、空、月、星、自然のすべての壮大なもの、彼よりほかに誰も楽しむ方法を知らない、

宝物の話を子どもたちに伝える。

「腕のなかに村の子どもたちを抱いて、空、月、星、自然のすべての壮大な物語を子どもたちに伝える」布袋さんの姿。

学生を教えたり、新聞や雑誌に寄稿したりしていたチェッサーの琴線に触れたのかもしれません。

皇室、大名、切腹

当時、徳川幕府が大政奉還をした直後ですが、さらに皇室と、大名の参勤交代、そして日本の国内情勢を次のように表現しています。

日本政府は新政権のもとでの、封建連合の一種である。神の息子であり世襲の皇帝であるミカド（Mikado）は、神聖な力の代表者である。

大名たちは、多くの場合ほとんど独立しており、彼らは二重居住を義務づけられて服従するだけだ。ひとつは自分の領地に、もうひとつは江戸で、彼らの家族は人質としてとられていた。

さらに、武士については以下のように記述しています。

彼らの領主のみに縛られ、起こりうる争いに備えて準備ができている。ハラキリ（hara-kiri）の行為が上層の日本人の間で行なわれている。これは自殺で、名目上刃で腹をつき刺すことによって達成されるが、実際には、刑罰の場合、犠牲者の首をはねる準備をしている人（筆者注：介錯人）の助けによって致命的な打撃が与えられる。

日本人は洗練されている

　その後、日本人とその知的文化について、次のように短く記述しています。この部分は非常に印象的で、筆者自身が講演会などで紹介すると、さまざまに反響のあるところです。

　　日本の文字や文学は中国に由来し、日本人に適応させるために修正されたが、日本人は洗練された人々（cultivated people）である。また彼らは明確な国家の歴史を持っている。

　英語のcultivatedには「洗練された」とか「教育が行き届いた」という意味があります。その意味は広く、著者のチェッサーの本意は推測しにくいですが、少なくとも文化レベルが高いと受け止められたことは間違いなさそうです。
　このあたりの事情を少し付け足しますと、18世紀から19世紀になると京都・大坂・江戸の三都では、出版業がさかんでした。

その背景にあるのは、庶民の識字率の高さです。全国平均で男性の識字率は40％、京都のような都市では80％近くに達していたと推定されています。

　文字は19世紀のイギリスであっても、まだエリートの所有物であり、出版業もようやくnatureの発刊のころから増大したことは前に述べたとおりです。ですから日本人の識字率の高さは、彼らの目には、特別なことに映ったはずです。

　ちなみに、日本では17世紀中頃には、幕府や各藩が武士教育のための学校である藩校を設立しはじめていましたし、徐々に武士以外の階級の子どもたちに、門戸を開く藩もありました。また、村々に庶民のための学校を設立する藩も現れて、18世紀には寺子屋と呼ばれるようになっていました。

　階級社会にあって、国民の識字率がここまで高かった背景には、次のような事情があるといわれています。人口の大多数を占めたのは農民ですが、18世紀の半ばまでには、もっぱら家族労働力に依存する小規模経営となっており、もはや開拓できるフロンティアは存在せず、「高度の労働集約、資本・土地節約型の技術」のうえに成り立っていました。ですから、必要とあれば農書（農業指南書）を読んで理解し、実践することが推奨されたのです。

　手工業では、江戸時代後半には農村工業が次第に発達します。各藩は、絹織物、綿織物、染料、紙、酒、鋳物、陶器、漆器などの生産を奨励し、農村工業地帯が形成されます。

　これらすべてを支えたのが、広く行き渡った基礎教育です。読み・書き・算盤を教える私設の学校の数は、幕末には全国で1万6千あまりに達しました[8]。これは現在の国内のコンビニの数と

比較してみると、人口比で、コンビニは約2,200人に1軒であるのに対し、この学校の数は約1,900人に1軒の割合でした。いかに江戸時代の庶民にとって基礎教育の学校が身近な存在だったかが想像できます。

鎖国のままでは、文明開化後のような工業化を生み出すことはできなかったと思われますが、海外からの刺激でいつでも飛躍できる準備ができていたのです。

そして、チェッサーが「日本は明確な国家の歴史を持っている」というのもそのとおりです。世界の国々を見渡すと歴史のなかで外国から侵略され、歴史が分断された国が多いわけです。海に囲まれた日本は戦国時代まで内戦は多かったけれども、外国に蹂躙された経験はほとんどなく、長くて明確な国家の歴史を持つ、まれな国といえます。

日本には科学が存在しない？

しかし、つづいて日本の哲学や文学については次のような記述が見られます。

彼らの文学において哲学的記述は豊富でないが、伝説、寓話、風刺的な記述は豊かである。

8 山田慶兒『日本の科学　近代への道しるべ』藤原書店

チェッサーは「文学において哲学的記述は豊富でない」、と指摘しています。日本文学にどこまでを含めるのかは議論があるところですが、たしかに『源氏物語』や『枕草子』などを思い浮かべれば、その指摘も的外れではないように思います。

　日本の哲学に関してチェッサーの言及はなく、そこまで理解が深まっていなかったのかもしれません。アンベールのほうは日本の哲学について、ある程度は認識していたと思われますが、やはり「明確な理解はできない」と匙を投げたような表現がいくつも見られます。

　当時、幕府が公認していた学問は身分秩序や礼節を重視する中国の新儒教（朱子学）でしたが、17世紀の後半から18世紀の初めにかけて、その規範を脱して独自の展開を見せる動きがありました。朱子学を批判し、直接古典に返って新しい儒学の体系を打ち立てようとした伊藤仁斎、荻生徂徠などです。科学技術の分野では渋川春海、宮崎安貞、貝原益軒などが活躍しました。

　ちなみに日本では、学問は単なる知識や理論の探究ではなく、実践を伴うもの、実践において完結すべきものと考えられ「道」と呼ばれました。

　「道」はもともと中国の哲学からきていますが、日本の「道」には千利休の茶道や、武術を人間形成の道であると考えた剣道・柔道、あるいは特権階級である武士のあるべき姿を説き、農民に至るまで規範として浸透していた「武士道」に見られるように、美学を伴う体系へと高められたものが多くあります。

　つまり、そもそも哲学というものが、ものごとを深く考え論理

的に関係づける知識体系であるとする西洋と、全体をまとめて美意識を伴う実践に役立たせようとする東洋とで、異なっているように思います。

このことは案外大切なことです。なぜなら、西洋のすべての学問の源流は哲学にあるからです。科学も自然を対象とした哲学であり、当時は「自然哲学」と呼ばれていました。ですから、彼らから見て日本に哲学が存在しないということは、西洋人にとって「日本には科学が存在しない」、という認識と等しかったのです。

日本人の芸術的感性

その代わり、彼らが賞賛するのが日本文化の芸術面の感性です。

日本人は、芸術的な嗜好を高度に発達させている。絵画、素描、彫刻は、それぞれ職業として後世に受け継がれてきた。日本の絵画は、遠近法はヨーロッパ人が必ずしも満足するものではない。 しかし、彩色は素晴らしく、日本のスケッチでは、植物や動物、人や風景のいずれであろうと、多くのヨーロッパのアーティストが羨望する「幅」と「命」と「真実」がある。

日本人の芸術活動についてチェッサーは、一目置かなければならないと考えたようです。そして日本人が花好きであることを詳しく述べています。

（日本の）人々の芸術的な趣味と自然に対する愛は、花への情熱と栽培技術に表れている。花なしの祝宴は完璧と見なされないし、フラワーショーは、英国と同様に日本でも大いに盛り上がる。日本の園芸家は、新種の花を育てること、植物を植えること、同じ植物の枝に見えるように異なる花や葉を育てること、とりわけ、家の装飾品として需要の大きい矮小な植物の育成（筆者注：盆栽）において経験を積んでいる。

　江戸では将軍、旗本、庶民に至るまで花づくりが好まれました。諸大名の間では、国もとの珍しい植物を育てることが流行していましたし、幕末になると下級武士が、つつじや朝顔を育てて売り、副収入源としていました。

日本人は庭園を楽しむ。小さな敷地に素晴らしい技を詰め込み、「狭いところに十分な空間を与えよう」と工夫した。江戸は広大な庭園で囲まれており、人々は季節がどのように進んでいるかを自分の目で確認するために、異なる時季に郊外に３回以上の定例旅行を行なう（筆者注：お花見など）。（中略）日本人は水生生物も大変好む。　すべての家はひとつの池を所有しており、小さな魚が入った水槽は各家で見ることができる。

　イギリスは17世紀ぐらいから、貴族文化のなかで風景式庭園である〈イングリッシュガーデン〉を生み育てた国ですから、庭

園のなかに自然風景の美しさを取り入れようとした日本人の感覚
は、彼らと共鳴するところが大きかったでしょう。

「穏やかに酒を飲まない」神々

つづいて日本社会の階層性について、次のような言及があります。

> 上位層と下位層の日本人の両方が、できるだけ多くの楽しみ
> を持って生きている。さまざまな神を綴ったものは、多数の
> 専門業種の後援者であり、楽しみのための旗印や象徴の素晴
> らしい展示とともに、一列に並んでいる。その神々は必ずし
> も常に尊厳を保つとはいえず、穏やかに酒を飲むわけではな
> い。

士農工商という身分制度のなかで、それぞれの階層の人々がそ
れぞれの楽しみを持って暮らしているという観察です。そして「さ
まざまな神を綴った」「多数の専門業種のいずれかの後援者」が
「一列に並ぶ」とは、再び七福神のことを指していると思われます。
その神様が「必ずしも尊厳を保つわけでなく、穏やかに酒を飲ま
ない」とは面白い観察ですが、庶民に愛された身近な神様であっ
たということでしょう。

富士登山から相撲まで、
人々の楽しみ

　話題はさらに、日本人の習慣について続きますが、現在の私たちから見ても、目新しいものが含まれています。

　　雪を冠した聖なる富士山と、神聖な隠者の居住地への巡礼は、きちんと行なわれる。誕生、結婚、死、寺院での子どものプレゼンテーション、男の子が15歳で迎える元服、先祖の墓への訪問といった家庭内でのイベントはすべて、よりよい関係をつくるための機会である。

　そして、日本人の愛するエンターテインメントについても触れています。

　　日本人が情熱的に愛してきた公演のなかには、劇場のエンターテインメント、レスラー、アクロバット、ジャグラー、バレエダンサーの公演がある。

　カタカナでこう書くとわかりにくいですが、劇場のエンターテインメントとは、歌舞伎などの公演、レスラーは相撲です。
　アクロバット、ジャグラー、バレエダンサーの公演が具体的に何を指しているのかは明確ではありませんが、たとえば浅草寺界隈はさながら青空劇場のようで、コマを扇子や刀の上に乗せなが

ら綱渡りをする芸、宙返りをするアクロバティックな曲独楽や、
南京玉すだれ、見世物小屋などが立っていましたので、その様子
を記述していると思われます。

　　外国人が入った江戸の劇場は、主にブルジョアがパトロンと
　　なっているものだが、聴衆のなかには、彼らがおしのびで来
　　ていることを示す服を着た貴族の姿があった。

　ブルジョアのパトロンとは、現在も歌舞伎界や演歌界、相撲界
などで見られるいわゆるタニマチです。「貴族」は上級武士でしょ
うか。相撲については以下のように説明しています。

　　相撲は天皇の特別な後援を受けており、人々によって非常に
　　支持されている。相撲は、主に、2人の競技者のうちのどち
　　らが、藁の詰まった袋でマークされた円から他の競技者を軽
　　く押し出すか、という競技である。
　　日本の相撲は英語ではレスリングだが、同じ用語のイングラ
　　ンドで理解されているものとまったく違う。相撲に従事して
　　いる男性は、一般に、私たちの間では「トレーニング」の状
　　態とは全く相容れないと考えられる肉質の状態にある。

　実際には、力士は単なる肥満ではなく筋肉も大変大事ですから、
この記述は誤解ですが、見た目だけからは想像もできなかったの
です。その他、日本の特筆すべき風俗として、定番の男女混浴や
花街のことも一言書いてあります。

男性と女性が、自分の体を洗うのを見ることができる公衆浴場の光景、女性がゲストを待つ茶屋は、ヨーロッパ人の目には非常に奇妙に映る。

江戸の活気に満ちた賑わい

江戸の街については「17世紀に始まった180万人都市」と認識し、その地理について次のように描いています。

江戸の町には非常に印象的な地形がある。南には湾岸の郊外が、中心部には城砦と貴族の住居がある。南東には伝統的な商店街が、東には川の岸壁と橋が、そして左岸には工業都市のHondjo（筆者注：本所）がある。北部には寺院や見本市が開かれる場所、劇場、娯楽のための公共の場がある。西側の4分の1は一般市民によって占められている。北と西の郊外は草原や川ばかりである。

中心は言うまでもなく当時の江戸城、現在の皇居です。そこから見て南は芝の方向に港湾があり、江戸城のまわりの外堀の内側は武家屋敷がとりかこんでいました。南東の伝統的な商店街とは日本橋あたりのことで、伊勢や近江、京都の商人が店を出し、賑わっていました。

北部の外掘よりも北側には湯島聖堂、神田明神、湯島天神や多くの寺社が、さらに北東には浅草寺があり、その裏には劇場や吉原といった遊郭などの「公共の場」がありました。江戸の町はヨーロッパの都市と違って町を取り囲む城壁がなく、人口の増加とともに郊外へと拡大していました。

　江戸は、重要な都市として17世紀初頭に始まったにすぎないが、180万人の居住者を持つと計算されている。江戸は、長崎から江戸に帝国を横断する巨大な軍道である東海道の北端である（筆者注：東海道は東京－京都間）。街道沿いには町や村、貴族の家が建てられており、大名が江戸の参勤交代の折に通った。

　使用される旅行の手段は、乗馬、または男性が運ぶ駕籠である。後者は2種類ある。ノリモンは、すべての側面が閉じられ、上流階級の間で使用されている。また、カンゴ（かご）は、より簡単なつくりで、側面が開いて、一般の人々によって使用される。

　大名が二本差しの家臣と一緒に通り過ぎると、すべての通行人や馬に乗っている人は道を譲り、偉い人が行ってしまうまで、低く体を曲げる。

　外国人がこの方法に従うことを拒否した結果、複数の人が殺害された。

　この「馬に乗っている人は道を譲り、偉い人が行ってしまうまで、低く体を曲げる」ということを知らずに、馬に乗ったまま行

列に突っ込んでしまったために、イギリス人ひとりが殺害され、ふたりが重傷を負ったのが1862年の生麦事件だというのは、ご存知のとおりです。

江戸は忙しい街だ。綿と絹のデリケートな製品、陶器の製作、染色、金属の加工、石材、木材、象牙の彫刻、紙製と革製品の製造はすべて街で行なわれている。

郊外、とくに北部には、花屋の庭園、農村の茶屋、水田がある。小規模な工業として、箸、歯磨き粉、人形、マット、藤手芸、箱、質素な衣服の製造業者があり、それらは小さな売店で売られたり、江戸の街で売られたりしている。

街は人で溢れている。職人が商品を運び、ジャグラーやアクロバットが技能を磨き、男性、女性、子どもが遊びや楽しみに興じている。ここでは巨大な人工の魚[9]や、家に展示された旗が子供の誕生を表す。結婚式の行列もある。大名が通るときは、すべての人は地面にひれ伏す。人が常駐する監視塔からの火災の警報は火消しを呼ぶ。（中略）一言でいえば、幕府の偉大な首都であった江戸は、忙しい町生活の複雑なシステムによって、活気に満ちている。

いかがでしょうか。まるでタイムマシンに乗って江戸の街にタイムスリップしたように感じるのは筆者だけではないでしょう。

9　「巨大な人工の魚」とは、前後の文脈から「こいのぼり」のことでしょう。

当時、世界一の大都市であった江戸の様子から、日本が決して未開の非文明国ではなかったことがありありとわかるのです。

そして、明治維新に至るまでの政治体制の変化については、次のように表現しています。

　　外国人の訪問と外国との貿易は、新たな文明の導入によって古い秩序を混乱させる可能性があったため、将軍や貴族から忌避された。（中略）最近の出来事は日本政府に大きな変化をもたらした。神権を持つ皇帝である天皇は、幕府を廃止した。彼は神聖な街を去り、以前よりも警備が強化された江戸に、少なくとも一時的に王政復古を果たした。

この記事が書かれる2年前の、1867年に起きた大政奉還のことを書いています。彼らがいかに日本情勢を逐次把握していたかを示しています。そして、チェッサーは最後に次の文章でこの記事を結びます。

　　日本からはすでに、膨大な量の茶や絹の輸出が行なわれているが、現在ますます増加している。長い間隔離されてきた日本は、今後外国との関係を再開することによって、その初期には貿易に積極的な国になることだろう。

以上、チェッサーの記事をほとんどすべて紹介しました。結局、チェッサーの記事はこれほど長いのに、江戸時代の科学や技術に関する言及は一切ありません。工芸品のように目に見えやすいも

のしか知られていなかったからかもしれません。

しかし日本の工芸品などから、その完成度が高いことを知っていた彼らは、日本の発展のポテンシャルを十分に感じとっていたのです。

Ⅱ 近代化を始めた日本

不思議の国から
熱心に技術を習得する国へ

チェッサーの記事が掲載されたあとしばらくは、nature誌上の日本についての話題は、彼らにとって珍しい日本の動植物についての博物学的な関心です。たとえば、日本近海で見つかった新種の貝や日本産の蚕、冬に咲く花、茶の木の栽培などといったことが、ぽつりぽつりと登場する程度です。

ですがその後、数年の間に日本の科学や技術、そして医学教育や技術教育に関した記述が何度か現れ、そのあいだに彼らの認識がどんどん変わっていくのがわかります。

まず1872年7月25日号のNOTESの欄[10]には、日本で開催された博覧会の記述があります。チェッサーの記事と本記事を比べる

---

10 Nature vol.6, p.250, 25 Jul. 1872

と、nature読者の興味が、日本の学問の進展状況の把握へと収斂しているのがわかります。

> イエール大学の情報筋によると、江戸で4月初めに始まった自然と芸術の好奇心を集めた展覧会により、日本の教育がついに新時代を迎えたらしい。
> この種の催しは、通常、高度な文化を示すものである。欧米の例を真似することにおいて、日本人は中国や他の東洋諸国に比べ、大きな優位を示している。この展覧会は孔子の精神にゆかりの神聖な寺院で開かれた。

1872年3月10日から、湯島聖堂の大成殿で開かれた日本政府主催の初の博覧会である「湯島聖堂博覧会」を伝えた記事です。

この博覧会では、日本の植物、爬虫類、魚類、昆虫、鳥類といった動植物の標本が上手に作られ、展示されました。名古屋城の金鯱（きんのしゃちほこ）まで陳列されて、大変な人気を博したそうです。

20日間の予定だった会期を1ヶ月以上も延長し、4月末までの入場者数は15万人でした。1日平均約3000人の計算です。この博覧会が"日本の博物館の誕生"とされ、東京国立博物館はこの博覧会を創立・開館の時としています[11]。

記事は日本で開催された博覧会について、会期からわずか半年

---

11 東京国立博物館
https://www.tnm.jp/modules/r_free_page/index.php?id=144

足らずでnatureに登場しています。彼らの日本への興味に加え、情報網の確かさを示しています。

日本の科学技術教育のはじまり

　日本の科学技術に注がれた彼らの視線を、続くいくつかの記事によってさらに感じることができます。同年（1872年）8月29日号のnatureには、アイオワ物理科学研究所からの伝聞で「SCIENCE IN JAPAN」と題した数行の報告が掲載されています[12]。

　記事によると、福井、大阪、加賀ですでに物理や化学の研究所が作られており、ドイツ人とアメリカ人の教授が実践的な指導をしているとあります。

　とくに「福井ではグリフィス（W.E.GRIFFIS：1843-1928）教授が60名の学生に化学と物理学を講義し、12名の学生が実際に化学実験室で研究を行なっている」と書いています。そしてグリフィス教授の実際の言葉を、次のように紹介しています。

> 「日本で物理学を教えるにあたっては、最も初歩的な基礎から始める必要がある。すべてを実証するために、また占星術や、間違ったいわゆる中国の哲学観などの不要なものを排除するために。しかし、学生はかなり知的であり、この国の教

[12] Nature vol.6, p.352, 29 Aug. 1872

育上の大きな必要性を満たすことを約束する」

　アメリカ・フィラデルフィア出身のグリフィスは、お雇い外国人のなかでも初期に日本にやってきた人物です。帰国後も日本を紹介する本を執筆するなどの功績により、のちに日本政府から勲三等を授与されました。彼にとって日本との関わりのはじめは、福井藩でした。藩校から転じて一般庶民にも門戸を開いていた明新館に明治3年（1870）に招かれて、福井の青少年に化学と物理を教えました。

　明治5年（1872）には、のちの東京開成学校から東京大学につながる南校の化学教師として迎えられ、そののち、東京開成学校の化学科教授を務め、同校化学科の創設に尽力しました。

nature誌上に初めて登場した
日本人はひとりの留学生

　同じ年（1872年）の12月5日号のNOTES欄には、医学雑誌British Medical Journalからの転載で、日本人留学生の優秀さが紹介されています[13]。ここに登場するのが、nature誌上初めての、個人の実名で記載された日本人です。

　British Medical Journalによると、ベルリン大学で行なわれ

13　Nature vol.7, p.89, 5 Dec. 1872

た解剖学の試験で、13人のうち「良い」の判定になった者はたった2名だった。そのうちひとりはSasumi Satooという日本人の医学生だった。

　記事によれば、「Sasumiはドイツ語も知らない状態で日本から父によってドイツに送り込まれ、最初の5ヶ月でドイツ語を習得し、残り6ヶ月でラテン語を含むすべての科目の知識を習得した」、ということです。
　同じ試験を受けた同級生はドイツ人が中心だったでしょうから、Sasumi Satooなる人物の、ずば抜けた優秀ぶりが記事から伝わってきます。彼らにとっても驚きだったため、他の雑誌からわざわざ転載して伝えているのです。
　このSasumi Satooとはいったい誰なのでしょうか？
　読み進めると「Sasumiの父は天皇の侍医」、とあります。このことからSasumiは蘭方医で明治天皇の侍医長を務めた佐藤尚中の跡継ぎとして、親戚から養子に迎えられた佐藤進（1845–1921）で間違いありません。SusumuがSasumiと誤って表記されたのです。
　佐藤進は1869年にドイツに渡ってベルリン大学医学部で学び、1874年にアジア人初の医学士の学位を取得して翌年帰国しています。19世紀後半、日本からおびただしい数（千人規模）の若者が留学のために欧米諸国に渡っていましたから、迎える側の各国は、将来の日本を担う彼らが、どれほどの可能性を持っているのかということを興味津々で観察していたのです。

「東洋のイギリス」で
世界最先端の工学教育を

natureはさらに、日本の科学技術教育に注目します。

当時のイギリスが日本の科学技術教育に注目していたのには、特別な理由があります。現在あまり意識されていませんが、イギリスの、とくに産業革命の中心地であるスコットランドのグラスゴーを中心とする学術界が、日本の国立大学設立に大きな役割を果たしたのです。

その証拠ともいえるのが、翌1873年4月3日号の「AN ENGINEERING COLLEGE IN JAPAN[14]」と題する半ページほどの記事です。Imperial college of engineering, Tokei、つまり工学寮（のちの工部大学校で東京大学工学部の前身）を設立するまでの検討経緯が紹介されています。

日本政府は西洋文明を例にとって、日本の若者に土木工学の指導をするために、江戸に大学を設立することを決意した。日本に眠る巨大な天然資源を開発しようという強い願望がこの国に生じているからだ。

大学の設立についてのアドバイスと実践的援助がわれわれに依頼された。われわれのもとを大使が訪れ、わが国（英国）の優秀な産業が、鉱業、冶金、工学、そして多くの製造業に

---

14 Nature vol.7, p.430, 3 Apr. 1873

関わる科学の振興とどれほど緊密に関係しているか、そして
いかに人間の影響下にある自然の力を引き出すのに役立つの
かを視察した。

「わが国（英国）の優秀な産業が……」のくだりは、産業革命
を牽引し「世界の工場」といわれるほどの成功をおさめていた大
英帝国の自信がみなぎっています。そしてまた、日本政府が天然
資源の開発を重視し、その人材を育成するうえで「早急な工業技
術教育が国の未来を左右する」と認識していたことがわかります。

なぜイギリスは
日本を支援したのか

イギリスはそのころアヘン戦争で中国を征服し、インドを植民
地化していました。この記事からもわかるように、その大英帝国
に対して、近代化以前の丸腰の日本が直接に助力を申し込んだわ
けです。なんと大胆不敵ではないでしょうか。なぜ日本は、中国
やインドのように征服されなかったのでしょうか？

このあたり、詳しくは他書に譲りますが、当時のイギリスの事
情からも、日本に学問や技術援助をすることがイギリスの国益に
かなっていたと考えられています。

イギリス側の事情はふたつあって、ひとつはイギリスが中国や
南アフリカとの戦争で、莫大な出費を強いられていたということ
です。そこで、植民地支配ではなく自由貿易によってイギリス本

国の負担をできるだけ少なくしようとする、「小英国主義」への政策転換が図られていました。もうひとつは、フランスやロシアなどの列強が、日本に接近していたことです。

これらのことから、イギリスは学術や技術支援をとおして、平和的に日本の市場を獲得したい思惑があったとされます[15]。イギリス人たちは、小さな島嶼国であり国家元首がいる日本を「東洋のイギリス」と呼んで、その発展に協力しました。

とくに科学技術の教育の分野では、この記事にあるように「われわれのもとを大使が訪れて視察した」ことで、イギリスが日本を支援する計画が始動しました。

岩倉使節団が
教師の人選を依頼

その視察とは、総勢50名で世界を視察してまわった岩倉使節団[16]です。岩倉使節団はアメリカを視察したあと、1872年7月からロンドンを起点として約4ヶ月間イギリスに滞在し、イギリスに帰国中の駐日公使パークスの案内により、リバプール、マンチェスター、グラスゴー、エディンバラ、ニューカッスル、ブラッド

15　北政巳『国際日本を拓いた人々 —日本とスコットランドの絆—』同文舘
16　岩倉使節団は明治維新の外交史を象徴するもので、右大臣の岩倉具視を特命全権大使とし、副使に木戸孝允、伊藤博文らといったのちの日本政府の要職に就く実力者総勢50名と、59名の留学生が大使節団を結成して、12カ国（アメリカ、イギリス、フランス、ベルギー、オランダ、ドイツ、ロシア、デンマーク、スウェーデン、イタリア、オーストリア、スイス）を約2年かけて視察しました。西欧諸国の見聞によって新生日本の形を定めようとする新政府の意気込みが伝わってきます。

フォード、シェフィールド、バーミンガムなどを見てまわりました。

この岩倉使節団と工学寮設立が、密接に関わっています。

使節団がロンドンを訪問した際に、副使である伊藤博文がマセソン商会ロンドン社長のヒュー・マセソン（Hugh Matheson）に、正式に工学寮の教師の人選を依頼し、その伝手でグラスゴー大学のランキン（William John M. Rankine）教授やケルヴィン卿（Lord Kelvin, W・トムソン）の人選による「お雇い教師団」が編成されることが決まりました[17]。

ちなみにランキンもケルヴィンも、熱力学理論で大きな成果をあげた物理学者です。とくにケルヴィンは22歳の若さでグラスゴー大学教授に就任し、電磁気学や流体力学などの研究を進め、当時の物理学における「知の巨匠」として影響力があり、お雇い教師団の人選に大きく関与したといわれます。

社会発展の原動力は困難に立ち向かうエンジニアである

そしてその工学寮の都検に選ばれたのが、グラスゴー大学出身でランキン教授の弟子である当時24歳のヘンリー・ダイアー（Henry Dyer：1848-1918）でした（都検とは教頭の意味ですが英国側としてはprincipal〈校長〉と理解していました）。

このような展開で英国学術界の協力を得られたことは、日本に

---

17 *Ibid.*

とってじつに幸運なことでした。ダイアーをはじめとする協力者たちは、スコットランド伝統の実学思想のもと、身分を超えた「個人の能力」と「共同体繁栄への貢献」を重視していました。

「社会発展の原動力となるのは、成功に向けて困難に立ち向かうエンジニアである」、という思想を持っており、彼らのエンジニア教育とは、学歴的な職業訓練ではなく、社会発展の担い手となる全人的な教育を目的としていたのです。

現在の東京都の虎ノ門駅近くに文部科学省がありますが、そこに工学寮が建てられていました。その建物の配置にもダイアーの思想が表れていたといいます。学生は学寮生活を送りますが、教師館と生徒館は近接していて、昼夜を問わず勉強や私生活の相談をすることができました。

人間関係も権威主義的ではありませんでした。ダイアーは学生を「ミスター」の敬称をつけて呼び、教師と学生が相互に尊敬・信頼・啓発される関係にありました[18]。

日本で実現させた
「理想の工学教育」の夢

ダイアーは、母国にも存在しない先端的な工学教育機関を設立しようという夢を持っており、それを実際に日本の工学寮創設で実現します。

---

18 *Ibid.*

natureには工学寮の話題が再度取り上げられており、まさにその想いが書かれています。工学寮が授業を開始してから4年後の1877年5月17日号『日本のエンジニア教育：ENGINEERING EDUCATION IN JAPAN』という記事です[19]。

そこには、ダイアーたちが結実させた「理想の工学教育システム」が詳しく紹介されています。記事では、工学教育のあるべき姿を論じたあとに、それを実現させた工学寮の教育カリキュラムを詳しく紹介しています。

まず理想の工学教育として「優秀なエンジニアを育てるには、理論を教えるだけでも、社会での実践的な技術の経験を積ませるだけでもだめで、理論と実践を相補的にうまく組み合わせて学ばせる必要がある」といいます。

イギリスでは若者が「16歳で学校から工場に奪われ、20歳ごろまでにできるはずの、はるかに重要な理論的な訓練はすべて無視され、授業や試験もないまま、夕方まで働き疲れていて、会社も利益を上げることができない」。その反対に、「コンチネンタル・システムは、理論を教えるだけで、練習をさせないのでもう一方の極端である」とヨーロッパ大陸での工学教育も批判します。頭でっかちな若者は実践的な経験をしていないので、重大な事故を起こすというのです。

　　最高の結果は、2つのシステムを賢明に組み合わせ、求められる科学と実践的な経験を、エンジニアの教育において一緒

---

19 Nature vol.16, p.44, 17 May 1877

に働かせる場合のみ可能である。今日のように激しい競争下
では、個人の間だけでなく、国と国の間にとっても、その国
のエンジニアに最高の健全な原則を指導すべきであるという
ことは、国家にとって非常に重要な点である。

と指摘します。そして、イギリスを含むヨーロッパ諸国がその
ような教育システムを本格的に実現できないでいるうちに、それ
をいちはやく導入したのが日本の工学寮だというのです。

この重要な問題に関してイングランドが後ろにいる間に、日
本政府は、東京のImperial College of Engineering（工学寮）
の設立で大きな成果をあげた。学生に高度に科学的な訓練を
与える機関であると同時に、現在300人以上の労働者に雇用
をもたらすエンジニアリングの現場で、実際の実務経験を組
み合わせている。この試みはさらに拡大しており、すべての
クラスで実践が始まっている。
採用したシステムは以下のとおり。トレーニングのコースは
6年以上に及ぶ。最初の2年間は完全に大学で過ごす。次の
2年間は、大学で6ヶ月と、学生が選択できる特定の分野で
6ヶ月が費やされる。最終の2年間は完全に応用に費やされ
る。大学の教授制度は講義と実習から構成される。これは講
義と学生の実習を援助するためのものである。（中略）
実践コースの最終2年間は、大学の研究室で研究することと、
定期的な工学の見習いのため、赤羽での工学実習で構成され
ている。このコースが進行している間に、特別科目に関する

講義が行なわれ、学生は彼らが従事している研究についての論文を準備する必要がある。

これは、現在の工学系の大学教育システムの原型といえるでしょう。物理、数学、化学の基礎科目の習得のあとに、専門課程で専門知識を学び、その専門課程の後半には各々の研究室に配属されて、対象に応じた理論を学びながら、現実の課題に向き合います。そして最後に卒業論文をまとめるのです。

学科は土木、機械、電信、造家（建築）、実施化学、鉱山、冶金の7つで、のち（1882年）に造船科が加わりました。とくに電信科は電気教育の先駆けとして、世界初の高等教育レベルの学科でした。

第二次産業革命のための工学教育

それにしても、なぜこのような教育システムが当時の世界最先端であって、しかも日本が初めてだったかというと、それは科学や技術の側の事情によるところが大きいのです。

当時、世界は第二次産業革命のなかにありました。

これに先立ち、第一次産業革命を起こした鉄道や蒸気機関、綿工業などは、科学を土台にするというよりむしろ、経験的に得られた技術でした。それに比べ、第二次産業革命時には合成化学や電気、石油、鉄鋼など、科学知識に基づいた技術へと質的に変化

していたのです。

　ですから、エンジニアの養成には基礎的な科学教育と実践的な経験を組み合わせる必要が生じたのですが、西欧の大学は、旧来の科学教育の枠組みから脱していませんでした。その点、後発の工学寮は、一足飛びに新しい教育システムを構築できたわけです[20]。

　すでに日本人学生の熱心さと優秀さをよく知っていた彼らですから、このような理想的な工学教育システムは、日本を大いに発展させる原動力になると確信していたはずです。

　実際に工学寮（1877年に工部大学校と改称）は、辰野金吾、高峰譲吉、三好晋六郎、安永義章、服部俊一、下瀬雅允、志田林三郎など優秀な人材を輩出しました。

技術力の発展装置を
起動させた日本

　さて、以上のように日本は西洋文明を猛烈な勢いで取り入れていきましたが、欧米人の目にはどう映っていたのでしょうか。

　イギリス人は日本のことを、「東洋のイギリス」と親近感を持って呼んだ一方で、「自分たちが発見したものをなんでも真似する国」など、日本に対して複雑な思いを抱くようになっていきます。ときに私たち日本人が思いもよらないような批判的な言葉を目にします。そう感じさせる文言をnatureにも見ることができます。

20　中島秀人『日本の科学／技術はどこへいくのか』岩波書店

1876年4月20日号の巻頭記事[21]は、キャンベルという民俗学者が出版した『My Circular Notes』という本の紹介にあてられています[22]。この記事を書いた人物（J.W.Jというイニシャル）は日本のことを次のように述べています。

> 日本では素晴らしい社会実験が試みられている。なにもかもを移植すること以上に、世界の最も保守的な種族が、西洋の完全成長した文明化を試みているのだ。

この筆者（J.W.J）は日本の文明開化を「世界で最も保守的な種族」が「西洋の完全成長した文明」を「なにもかもを移植する」こと以上の「素晴らしい社会実験をしている」と見ていたのです。

彼の目には、日本が明治維新前に持っていたものをすべて捨て、独自のアイデンティティを失っているように映ったのかもしれません。

日本はアヘン戦争やインドの植民地化を横目に、国の存亡をかけて近代化を進め、開国後わずか10年足らずでエンジニア教育のシステムを確立しました。国の技術力の発展装置を起動させたといっていいでしょう。

一方で「世界の工場」と呼ばれた大英帝国の産業は、アメリカ、ドイツ、フランスの猛烈な追い上げによって、相対的に輝きを失っ

---

21 Nature vol.13, p.481, 20 Apr. 1876
22 『My Circular Notes』はスコットランド・アイラ島出身の民俗学者ジョン・F・キャンベルが世界を旅しながら書き留めた地質学と土地の人々の様子をまとめたもので、日本に関する記述もイラスト入りで多く含まれています。

ていきます。日本の急速な発展が、やがてヨーロッパ文明をも圧倒するかもしれないという恐怖につながったことは、想像に難くありません。

ダイアーが期待した「世界のなかの日本」

工学寮で初代都検を務め、世界最先端の工業技術教育システムを実現させたダイアーは、「日本工業教育の父」と讃えられています。この章を終えるにあたって、ダイアーにもう一度登場してもらおうと思います。

ダイアーは1882年に9年間の日本滞在を終えて本国に戻ったあと、いくつかの著作を世に送り出しました。その代表作といえるのが日露戦争のころ、1904年に刊行された『大日本・東洋のイギリス』[23]です。

この本の終盤には「未来」という章があり、その記述はまるで今の私たちに問いかけているように感じられるのです。

ダイアーは、日本が西洋の力を吸収して急速に経済成長している状況を見て、日本も遠からず西欧諸国と同じ性質の問題に直面するだろうと、危惧しました。「資本主義のもとで豊かさが増す

---

[23] Henry Dyer『DAI NIPPON The Britain of the east, a study in national evolution』1904. 全450ページからなるこの本は、自身の日本での体験や情報をもとにした日本論。封建主義の崩壊、日本人の心、明治維新、教育、軍隊、コミュニケーション、工業発展、産業、商業、食糧供給、植民と移民、憲政、行政、財政、貿易、外交政策、変化する国民生活などで構成されており、彼の目から見た近代日本の姿が精密に綴られています。

一方、貧困が生じ、社会主義的な言論が日本でもすでに現れている」と、貧富の差の現れとそれが引き起こす影響を指摘しています。

　　産業と商業の発展の必然的な結果としての競争の増加は、われわれが見てきたように、人々の生きる条件に非常に重要な影響を及ぼし始めている。それは、大規模な資本の組み合わせの形成であり、将来の最も重要な問題のひとつは、これらの組み合わせが最終的にどのような形をとり、どのような形につながるのか？　ということである。

　加えて、しかしながら、その解決策は西洋をモデルにした「社会主義のユートピア」ではないのではないか——。なぜなら「日本人の心の特異性」を考慮することを抜きにしてはならないからだ、とダイアーは述べています。
　そして、結局どのような組み合わせになるかはわからないが、「日本の将来の組織には、その理想的な生活や芸術の代表となるだけでなく、新しい文明の特徴を具現化することが期待される。その道において、日本は世界のあらゆる国の人生と思想に大きな影響を与えることができる」、と書いています。
　残念ながら、その後の日本の歴史はわたしたちが知るとおりです。そして第二次世界大戦後は、たしかに団結力や労使の立場を超えた品質へのこだわり、そしてなにより戦後の貧困から脱出し、経済的に豊かな生活を手に入れたいという、一人一人の強い思いが経済成長の原動力になりました。
　人々は「モーレツ社員」「企業戦士」などと言われながら、が

むしゃらに働いて、ものづくりを中心とした高度経済成長を実現し、経済大国と呼ばれる地位を手に入れたのです。

一方で、土地バブルに沸いて傲慢に世界を闊歩した私たちは、自分の国が都市への一極集中や地方の過疎化、少子化、国民の幸福感の低さ[24]など、幾多の問題を抱えていることに気づいたのです。

ダイアーの時代から百年あまりたった現在。本格的な少子高齢化、情報産業を中心とした第4次産業革命による大きな変化を前にしています。私たちは新しい時代の特徴を、どう具現化すればいいのでしょうか。

本書を通じて、改めて150年前の人々の高い志や美学に学ぶことが多いと感じました。同時に、より今日的には、さまざまな民族や国籍、出身、さまざまな世代や職業、あるいは異なる知識や経験をもつ人が、自己を律しながらお互いに尊重し、能力を発揮できる国づくりが、私たち一人一人の幸せにつながると信じています。

---

24 「2019年版世界幸福度報告書」によると、日本は世界58位と先進7カ国で最下位。自分の幸福度が0から10のどの段階にあるかを答える主観的な回答に基づくもの。

付　録

初期のnatureに
何度も載った日本人

<h1 align="center">南方熊楠と"ネーチュール"</h1>

<h2 align="center">「東洋の科学思想の伝統」を西洋に伝えた知の巨人</h2>

　初期のnatureに一番多く論文が掲載された日本人は、なんといっても南方熊楠（1867-1941）であり、50編にもなります[1]。これは日本人の最多記録というだけでなく、全世界の科学者でも歴代最多のようです（2005年1月時点での集計[2]）。

　夏目漱石と同年生まれの南方熊楠という人物を、一言で形容するのはとても難しいのですが、あえて許されるなら、「森のなかの知の巨人」と呼んでみたいと思います。故郷の和歌山に隠棲しつつ、超人的な博識を駆使して人文社会と自然科学を横断し、東洋と西洋の思想を融合させようとした彼の学問のスケールの大きさと独創性は、他の追従をまったく許さないもので、人間社会と自然との共生において混迷を深める今日こそ、意義を増すものとして再評価の動きがあります。

　nature（熊楠はネーチュールと呼んでいました）に彼の論文が掲載され始めたのは26歳のとき、1893年のことでした。熊楠は1892年（25歳）から1900年（33歳）までイギリスで過ごし、大英博物館を中心とした閲覧室に毎日入り浸り、世界各地から集められた人類学、博物学、民俗学などの文献を筆写して、学問の基盤を築きました。閲覧室を利用できたのは彼の良き理解者となったイギリス人たちの厚意によるものでした。

　熊楠の英論文の特徴は、natureなどのイギリスの学術誌[3]での議論を背景にしている点です。natureで熊楠は、読者投稿欄に掲

載された問いかけに答える形で論文をまとめて投稿し、読者投稿欄での誌上討論を通して内容が深まっていきました。

彼にとって学問を確立する重要な時期にnatureへの掲載を果たし、学術界にデビューしたことは非常に大きな意味があったと熊楠を研究する松居竜五氏は述べています[4]。大学などに属さない熊楠にとって、それはほとんど唯一の学術界へのデビュー方法でした[5]。国籍はおろか、その者の所属や地位も問わず、学術的価値と透明で公平な議論を重んじたnatureの姿勢こそが、巨星・南方熊楠を生んだと言っても過言ではないのです。

1892年10月5日号に掲載された熊楠の処女論文「東洋の星座」をはじめ、「さまよえるユダヤ人」(1895年)、「マンドレイク」(1898年)、「ロスマ論争」(1899年)など、彼の主要論文の目的は「東洋にも科学思想の伝統があったことを示す」ことでした。

閲覧室で人種差別的な扱いを受けたことが発端で熊楠が起こした暴行事件によって、志半ばで帰国せざるを得なくなった1900年から3年後には、「日本の発見」という論文がnatureに掲載されます。西洋人から見た日本像を正す目的で書かれた論文です。

そこにはシドッティと新井白石の人種や宗教を超えた心の交流が紹介されており、英国留学時代の自身の経験を重ね合わせたものとして理解できます。熊楠のnatureの論文には、彼の人としての成長の足あとも映し出されています。

1　植物学では他に伊藤篤太郎 (1866-1941) が有名で、4本の論文が掲載されています。
2　南方熊楠著、飯倉照平監修『南方熊楠英文論考 [ネイチャー] 誌篇』集英社
3　『ノーツ・アンド・クエリーズ』という民俗学の学術誌には323編もの論文が掲載されています。
4　南方熊楠著、飯倉照平監修『南方熊楠英文論考 [ネイチャー] 誌篇』集英社
5　松居竜五『南方熊楠 一切智の夢』朝日選書

寺田寅彦と"ネチュアー"

身の回りの不思議に挑戦する「寺田物理学」を受け入れた nature

初期の nature に何度も掲載されているもう一人の日本人が、物理学者の寺田寅彦（1878-1935）です。10本の論文が掲載されています。熊楠と同様にすべて読者投稿欄での掲載です。

寺田寅彦のことを知らなくても、「天災は忘れたころにやってくる」という彼の発した言葉を聞いたことがあるでしょう。

寅彦は、東京帝国大学や理化学研究所での実験物理学者としての顔を持ちながら、新聞や一般向けの雑誌に科学の真髄を平易な文章で執筆し、俳句や随筆も数多く残すという別の顔で知られました。

大学講師時代から亡くなるまでの約30年間に書いた学術論文は267編（英文209、邦文58）で、これだけでも多産の科学者といえますが、一般向けの作品の数はそれを上回るといわれます。

夏目漱石との親交も深く、漱石の『我輩は猫である』に登場する物理学者や、『三四郎』に登場する理学士のモデルになりました。

彼のユニークさはそれだけではありません。寅彦は専門である物理学者の間でも異色の存在であり、彼の学問は「寺田物理学」と呼ばれました。

当時、日本人物理学者の関心事だった原子物理学や量子物理学、あるいは地球物理学だけでなく、庭の草花や小さな虫、窓ガラスの水滴や洗面器の水、湯呑から立ちのぼる湯気の動き、カミナリの稲妻、キリンの縞模様、金平糖のツノのでき方、尺八の音響理論など、身の回りのありとあらゆる現象に興味をもち、研究対象

としたのです。

　彼の学問に対する、この独特な取り組み姿勢はどこからきたのでしょうか。それは、寅彦が大学3年の冬休みに修善寺の温泉に浸かりながら読みふけって、ついには風邪までひいたという『音響理論』(Theory of Sound) を著したイギリスのレイリー卿 (John William Strutt, 3rd Baton Rayleigh：1842-1919) の、自由奔放な研究スタイルだったといわれています[6]。

　寅彦の投稿は、1905年から1932年に渡って10編の小文がnature（寅彦はネチュアーと呼んでいました）に掲載されており、簡潔ながら内容は多岐に渡っています。

　水を張った長方形の容器に、ふりこを設置して揺らしたときに描かれる軌跡の形（1905年1月26日号）、円柱状の雲母でできたランタンの覆いに陽の光があたると、かすかに色の帯ができること（1905年10月12日号）、液体の磁性を証明するための音響的方法（1905年12月28日号）、回転する扇風機をじっと見るとアメーバーのような動きの色むらが見えること（1906年9月27日号）など、そのほとんどは身の回りの現象を楽しく理解しようとする寅彦の姿勢で貫かれています。

　「科学の研究は、ひとつの創作の仕事であったと同時に、どんなつまらぬ小品文や写生文でも、それを書くことは観察分析発見という点で科学とよく似た研究的思索のひとつの道であるように思われるのであった」、と述べています。その寅彦の幅広い興味の価値を認め、受け入れたのが他ならぬnatureでした。

6　小山慶太『寺田寅彦　漱石、レイリー卿と和魂洋才の物理学』中公新書

When another half-century has passed,
curious readers of the back numbers
of *NATURE* will probably look on our best,
"not without a smile;"......

T. H. Huxley

著者紹介

瀧澤 美奈子（たきざわ・みなこ）

▶科学ジャーナリスト。
社会の未来と関係の深いさまざまな科学について、著作活動等を行なう。
2005年4月、有人潜水調査船「しんかい6500」に乗船。

▶著作に『深海の科学』（ベレ出版）、『日本の深海』（講談社ブルーバックス）、『地球温暖化後の社会』（文春新書）、『アストロバイオロジーとは何か』（ソフトバンク）、『身近な疑問がスッキリわかる理系の知識』（青春出版社）など。

▶内閣府審議会委員。文部科学省科学技術学術審議会臨時委員。
慶應義塾大学大学院非常勤講師。日本科学技術ジャーナリスト会議副会長。

- ● ── カバーデザイン　　　西垂水 敦（krran）
- ● ── 本文デザイン・DTP　三枝 未央
- ● ── 章扉イラスト　　　　中根 ゆたか
- ● ── 校正・校閲　　　　　株式会社ぷれす

150年前の科学誌『NATURE』には何が書かれていたのか

2019年7月25日　　初版発行

著者	瀧澤 美奈子
発行者	内田 真介
発行・発売	ベレ出版 〒162-0832　東京都新宿区岩戸町12 レベッカビル TEL.03-5225-4790　FAX.03-5225-4795 ホームページ　http://www.beret.co.jp/
印刷	三松堂 株式会社
製本	根本製本 株式会社

落丁本・乱丁本は小社編集部あてにお送りください。送料小社負担にてお取り替えします。
本書の無断複写は著作権法上での例外を除き禁じられています。購入者以外の第三者による
本書のいかなる電子複製も一切認められておりません。

©Minako Takizawa 2019. Printed in Japan

ISBN 978-4-86064-575-5 C0040　　　　　　　　　　　編集担当　坂東一郎

半世紀ののち、好奇心を抱いて
NATURE のバックナンバーを読む読者たちはおそらく、
笑みをうかべて私たちがベストを
尽くしたことを知るでしょう……

T.H. ハクスリー